曾奇峰的心理课

曾奇峰/著

中国友谊出版公司

图书在版编目（CIP）数据

曾奇峰的心理课 / 曾奇峰著 . -- 北京：中国友谊
出版公司，2020.11（2025.5 重印）
ISBN 978-7-5057-5009-8

Ⅰ . ①曾… Ⅱ . ①曾… Ⅲ . ①心理学－通俗读物
Ⅳ . ① B84-49

中国版本图书馆 CIP 数据核字（2020）第 197150 号

书名	曾奇峰的心理课
作者	曾奇峰
出版	中国友谊出版公司
发行	中国友谊出版公司
经销	新华书店
印刷	三河市中晟雅豪印务有限公司
规格	880毫米×1230毫米　32开
	8印张　159千字
版次	2020年11月第1版
印次	2025年5月第15次印刷
书号	ISBN 978-7-5057-5009-8
定价	52.00元
地址	北京市朝阳区西坝河南里17号楼
邮编	100028
电话	（010）64678009

如发现图书质量问题，可联系调换。质量投诉电话：010-82069336

推荐序

有人学心理学，是想成为某某家。

有人学心理学，则只是日益成为他自己。

读他们的文字，听他们说话，你会看到这种区别。

前者虽然说话越来越专业，但你一听就知道，其实都是套路，都是这个专业内的语言。

后一种无论如何专业，他们一说话，你会发现，他们说的是他们自己的话，这份专业没有把他们的风格给夺走。

同时，你会知道，他们其实无比专业，专业到骨子里，和他们的心性结合到了一起，只是这份结合非常自然，毫不造作。

曾奇峰老师，在我的感知中，就是后者。

精神分析也有它套路般的风格。学精神分析的时候，如果你混一下圈子，你会看到，好像学精神分析的人很容易变得有些高冷。

比方说，针对一种现象，扔出一个高明的解释。对这份高明的解释，你容易产生佩服，但同时，你可能对于这样的解释和抛出这个解释的人产生了一种距离感。

以上真是非常常见的一种现象，这种现象背后，是大家都风格化了，只是精神分析圈子的一种惯常风格。

但是，在曾奇峰这里，你闻不到这种味道，不管曾氏飞刀是何等精准，你在佩服的同时会有一种感觉——这个人就在你身边。他高明的解释，并不会拉开你和他的距离，你再佩服他，也仍然会觉得他是充满生活气息的人，非常真实。

我喜欢曾奇峰老师的这种感觉，文如其人。如果你有幸近距离接触曾老师，你会发现现实中的曾奇峰也会给你这种感觉。

不过，曾老师的文字，过去有一种遗憾。这个遗憾就是，他讲课要比文字精彩很多，而平时和他谈话，就更加精彩，然而在写作时，这份精彩却显得不够。

为此，我和曾老师探讨过。我问他：你写作时，会不会考虑到读者的水平，然后觉得得让这种水平的读者听懂？

他说：是的。

我说难怪会有这样一份遗憾，真不妨试试，在写作时，把想象中的读者放下，就按照自己的感觉写。

在这本书中，再读曾老师的文字，我觉得这份遗憾像是没有了，曾老师在更肆意、更直接地表达自己，这样读着很过瘾。

我很喜欢一个说法：别人的真理，必须经由你身体的检验，才能成为你的真理。

一听到曾氏风格的语句，也许你会和我有同样的感觉——这是在曾老师自己生命中被检验过的真理。

如此活着的人老到，同时也天真。他似乎能洞若观火，同时也丝毫未失去过那份赤子之心。

在曾老师的这本书中，那些洞若观火、充满智慧的句子，可以帮我们去顺从自己的赤子之心。

一本好书该当如此。

武志红

（知名心理学家，代表作《拥有一个你说了算的人生》）

推荐序

精神分析有啥用，能减轻人生痛苦吗？

人的痛苦，无非是求而不得。

求而不得分两种，一种是目标本身就是不可实现的幻想。比如，幻想我学了心理学，学会正确的沟通和理解配偶，我的配偶就不会再对我施加冷暴力了。这是从自体自恋出发，婴儿级别的共生幻想。

婴儿的共生幻想，是只要我做了×××，别人就会×××。精神分析讲成长是一个哀悼丧失的过程。哀悼的是这种婴儿的幻想，随着长大，一个个地丧失，承认自己的责任和能力是有边界的，最终回到现实中，从自体自恋走向客体现实，跟客观事实和解，从神回到平凡的人。

另一种是目标虽然是现实的，但做出来的行为却跟目标背道而驰。这就要看清楚潜意识在捣什么鬼，是什么样的木马程序扰乱了正确的导航。

曾奇峰老师的这本书，把生活中常见的木马程序一个个解析清楚，就像破案一样，找出破坏幸福生活的"幕后黑手"。

看清楚了，就有了自由，从亲密关系、亲子关系跟父母的关系，各方面理解现实边界，理解什么是自己的责任，什么是不可掌控的客观现实。在中国人集体性的边界不清的纠缠中，明确自身责任和能力的边界。在现实边界中，从容地做滋养自己的事情，警觉自身，不去侵犯他人的边界，不去承担不属于自己的责任。经由精神分析理解自身，人活一世，其实可以轻轻松松。

精神分析的核心意义，就在于从幻想回到现实。一是走出幻想目标，回到现实目标；二是扫清潜意识障碍，能够"指哪儿打哪儿"，让行为跟目标一致，获得成年人的力量和自由：我可以清楚自己的需求，并且做出选择。

曾奇峰老师这本书就是这样的导航，把潜意识里阻碍自己的坑一个个剖开来看清楚，读者会发现，原来自己给自己绕了这么多弯子，然后恍然一笑，轻松回到现实。

曾奇峰老师难能可贵的是，把深奥复杂的精神分析动力学写得轻盈有趣。读者完全可以像看侦探小说一样，一步步深入潜意识探案，毫无负担地阅读体验。

学界能把书写深奥了不难，但举重若轻，笔触轻松，那真是数十年的真修炼。

学习一门学问，捷径就在于直接跟这个领域顶尖的人学习，越顶尖的人，带给人越轻松、越本质的学习。读曾奇峰老师的书，直达精神分析的本质逻辑，是我最大的收获。

李雪

（心理学者，微博 @ 李雪爱与自由，著有《当我遇见一个人》）

没有人愿意成为一座孤岛

如果你问我，心理学有什么用？

我会说：好玩。

心理学除了可以解决我们的一些问题，还非常好玩。心理学最好玩的地方，是满足我们对自己的好奇心。

因为对于这个世界、他人，还有我们自己，有太多我们不知道的东西。

比如，父母希望孩子学习成绩好，为此做了很多事情，但孩子的学习成绩总是不好。事与愿违，在意识层面是没办法理解的，但在潜意识层面，则清清楚楚。解释之一是：在潜意识层面，父母并不希望孩子成绩好，因为孩子成绩好了，父母就显得无事可做了，当下会产生被孩子抛弃的感觉。当然，成绩好的孩子未来将远走高飞，更会使父母产生被抛弃感。

没有人愿意成为一座孤岛，也没有人愿意成为被人群湮没的一员。

通常，人们认为想法、情绪和行为都是受自己控制的，但精神分析却坚持说，我们的所想、所感、所为，很多时候是被我们不知道、不理解的潜意识操控的。

潜意识的巨大魅力催生了这本书，我想给大家介绍一个探索潜意识、解密你不知道的人生的工具——精神分析。

精神分析学派跟其他心理治疗学派相比，最大的特点是针对潜意识工作。

我尝试用一个比喻来说明潜意识是什么。

我们的意识相当于一个大脑，这个大脑的活动，比如思考、情绪、有意识的行为等，都是我们能够自我觉察到和被观察到的。而潜意识相当于另外一个大脑，它的活动不太容易被觉察到，却深深地影响着我们的一切。

从某种意义上来说，精神分析是一门育儿学。它的很多结论都是在观察婴儿成长的过程中得出的，所以可以反过来用于指导父母跟孩子的关系。精神分析极重要的贡献之一，即发现父母跟孩子的关系是孩子人格形成的最重要的因素，而一个人的人格，事关他一生的幸福和成就。

精神分析是一门人格鉴赏学。它让我们从美学和哲学的角度——而不仅仅是从病理学角度——来鉴赏各种症状和人格的风景。

精神分析是一门发掘潜力的学问。每个人的潜力都是无限的，但这些潜力经常被不那么健全的人格所束缚，精神分析可以解除这些束缚。

精神分析也是一门关系学。人活着的最基本动力，就是要建立和维持跟他人的关系。人对关系的需要，就像人对空气和水的需要一样，不可或缺。我们在关系中被滋养，也会在关系中受伤害，精神分析会告诉我们如何建立和维持相互滋养的关系。

精神分析，还是一门真正意义上的成功学。人成即佛成，人生最大的成功莫过于充分地成为自己，拥有健康和强大的人格。

精神分析可以帮助我们解放被压抑和扭曲的人格，获得真正意义上的自由。所以，我将围绕防御机制、关系、情绪、育儿及心理咨询五个方面，与你一起领略精神分析的方法和智慧。

首先，我会谈到人的心灵是如何保护自己的。保护自己的方式叫防御机制，有很多种，我会讲到最常见的几种。比如，退行以及在退行的情况下，各种能力会削弱和丧失。所谓的全能自恋现象，就跟退行有关系。

其次，我会谈到多种关系，如亲子关系、性关系、婆媳关系，以及关系中的丧失。我们可以看到，意识层面的事与愿违，其实并没有跟我们潜意识的愿望相违背。

再次，我还会谈到对人类基本情绪的理解。这些情绪包括抑郁、焦虑和恐惧。我们要了解自己的情绪，做情绪的主人，而不是被自己的情绪所湮没。

又次，当然我还会谈到与孩子成长相关的事情，包括：如何提高孩子的安全感，如何跟孩子沟通，如何尊重孩子的心理边界，以及如何做有利于孩子成长的父母。

最后，我会针对目前国内心理行业的现状，给对心理学感兴趣、想从事心理咨询行业的人一些意见和建议。

2000年诺贝尔医学奖获得者坎德尔博士说，精神分析仍然是理解人类心智的最好模型。

关于精神分析，存在两个误解。

一是有些人认为，精神分析仍然停留在弗洛伊德建构的理论基础之上，而实际上，在弗洛伊德之后，精神分析有了长足的发展。弗洛伊德的理论并没有过时，但后继者们创造了很多新的东西。

二是有些人认为，精神分析缺乏实证研究，但事实并非如此。在过去的几十年里，大脑科学的最新研究成果，循证医学的研究成果，都支持精神分析治疗的有效性。有兴趣的人可以去查阅相关资料，我在这儿就不赘述了。

最后，我希望和你一起让心理学好玩一点，把自己和他人的关系变得好玩一点。

目
录

01 精神分析：你不知道的心灵面具 / 001

精神分析：
你不知道的心灵面具

潜意识里储存着命运

潜意识里有跟意识对应的内容，比如不能够被觉察到的认知、情绪、愿望等。

到目前为止，我们知道有以下途径可以帮助人们探索潜意识的内容。

第一，对梦的解释。弗洛伊德说，梦是通向潜意识的捷径。释梦在精神分析里有着不可替代的重要性。梦有时候是一个屏幕，日常生活中的冲突会投射到这个屏幕上。当然更重要的是，一个人的人格也会在这个屏幕上展现出来。

举一个例子。一个20多岁的女孩，在现实生活中面临一些人际关系的麻烦和艰难的职业选择。有一天晚上她做了一个梦，梦见自己行走在乡间的小路上。突然，两条蛇分别从两边爬过来，挡住了她的去路，她非常惊慌和恐惧。在这个梦里，两条蛇分别代表关系和职业，这已经足够清楚。

更有趣的是，她的心理医生让她描述一下蛇的特点，她说蛇是阴险的、狡猾的、灵活的，等等。他的心理医生又让她描述一下她自己的人格特点，这个女孩说，她很直率、单纯，缺乏灵活性。我们看到，她在现实中表现出来的特点，跟她认为的蛇的特点完全相反。这个梦意味着她潜意识里面是有蛇的那些特点的。因为她在生活中压抑了自己同蛇一样的人格，所以她没有办法处理那些别人可以处理得很好的事情。对这个梦的分析，可以让她看到自己潜意识中的智慧，并且用这些智慧来处理日常生活中的各种问题。毕竟，这个世界上很少有用智力搞不定的事情。

第二，我们日常生活中犯的各种错误，往往呈现了自己的潜意识。比如，一个很认真负责的人无意中犯了一个巨大的错误，就表示他的潜意识希望犯这样的错误。当然，更深的解释是，他过度认真负责本身就是在防范潜意识想犯错误的愿望，一个错误出现就是防范的失败。

第三，让一个人做自由联想，就是在没有任何规则的情况下想说什么就说什么，有时候，这个人就会说出一些让他自己都惊讶的东西。

第四，在催眠状态下，一个人也可以进入自己的潜意识。比如一个人遗忘了一些小时候的事情，我们会说，那些事情储藏在他的潜意识里，在催眠师的帮助下，那些事情可以重新出现在意识中。

第五，所有的病理学症状也可能呈现在潜意识里。一个人有强迫洗手的症状，他想洗去的，其实并不是我们通常理解的肮脏，而是潜意识层面的道德上的肮脏或是关系上的肮脏。

我们再从另外两个角度来看看潜意识留下的蛛丝马迹。

第一，一个人能够表达的愿望，并不能够反映他的潜意识，但是他的行为却能够反映潜意识。比如一个人希望自己生活有规律，不要熬夜，但他却做不到，所以，他的行为呈现了潜意识层面的自虐倾向，以及死亡焦虑。为什么是死亡焦虑呢？因为睡觉意味着结束这一天，死亡意味着结束这一辈子，在潜意识层面，他觉得睡觉是某种意义上的死亡，所以他不敢睡觉。记住，不是睡不着，而是不敢睡着。

第二，我们做某件事情，如果用意识去做，是达不到最高境界的。比如开车这件事情，如果一个人在路上总是思考什么时候踩刹车、什么时候踩油门，那表示他不是一个老司机。老司机做这些事情是不需要思考的，他的潜意识会指引他怎么做最安全。同样，比如一个人身处官场，对于官场上的一些规则和人际关系，他总是需要思考，那他就一定活得很累，但是有些人不需要思考就如鱼得水，这是因为他们在潜意识层面近乎本能地知道该怎么做。

所有心理治疗的目的，都是扩大一个人的意识范围，换句话说，要尽可能地让潜意识意识化，或者说让我们每个人都能够更加觉醒地活着。

没有被意识化的潜意识，还有以下特征：

1. 它不能够分辨什么是过去的，什么是现在的，以及什么是将来的。潜意识缺乏时间定向力，所以，受潜意识支配的人可能用过去的方式来应对现在的人际关系，以及用幻想来替代现实。其实每个人都不同程度地有这种表现，也许只有达到佛的境界才会完全不这样。

2. 潜意识也分不清楚你、我、他。当一个人在婚姻关系中无穷无尽地抱怨的时候，他并不知道，其实是小时候的那个他在抱怨他的父母。

3. 潜意识跟意识经常是相反的。我们的意识层面希望自己健康，潜意识却指挥我们做着危害健康的事情；意识希望我们成功，潜意识却总在捣鬼；意识希望维持好的人际关系，潜意识却在破坏关系。

有些人认为潜意识是罪恶的深渊，有些人认为潜意识是智慧的宝藏，我个人倾向于后一种看法。有很多不愿意被自己觉察的东西会沉淀到潜意识，而这些东西一旦被意识化，它们就会变成我们心灵的一部分，使我们的心灵真正变得比天空更广阔。

意识范围的缩小会产生很多问题。现代社会中很多不尽如人意的现象，比如在公共场所高声喧哗，做出损害他人的利己行为，只顾眼前利益而无大局观，对环境的破坏等，都跟一些人的意识范围缩小有关。

总的来说，对潜意识的了解会使潜意识意识化，而这个过程可以使我们的人格变得更加完善，人际关系变得更加和谐，美好的愿望变得更容易实现。

如何确定潜意识意识化了呢？意识化之后还能够回到潜意识里面吗？

潜意识意识化的标准，有以下三个：

1. 自我意识范围扩大。

比如我本来只能够感觉到自己的需要，当我也能同时感受到别人的需要的时候，自我意识范围就扩大了。

另外，自我意识范围扩大之后，还可能出现一些看起来很糟糕的反应。比如某种失控，钥匙丢了，或者是无法判断回家的方向。有的人参加了精神分析培训之后，一出门就会朝自己家相反的方向走。这就是自我意识范围扩大的反映。

我举一个例子，比如让一个县长突然当市长，他管的范围就大了，所以他在比较短的时间里面可能会出现失控的情况。我们的自我意识范围扩大，也相当于我们的管辖范围扩大了，所以有可能会出现短暂的失控。

2. 情绪的改变。

我们以往的抑郁、焦虑、恐惧的情绪发生巨大改变时，就表示某些被我们压抑的东西已经浮现到了意识层面。

一位30多岁的女士授权我讲下面的故事，这是我听过的让我感动的故事之一。她从小跟奶奶长大，奶奶经常带她去一个水井打水，路上总会看到一个工厂的烟囱。慢慢地，她变得越来越害怕烟囱。长大离开奶奶家后，她四处求学、工作，到过很多城市。她待的任何地方，附近都不可以有烟囱，看到烟囱她就会被铺天盖地的恐惧淹没。她发现烟囱的能力，已经超乎想象。

有次她到一个城市，一位闺密给她安排了酒店，她住了不到半小时就坚决要换地方，说附近肯定有烟囱。她闺密说，我知道你这个忌讳，所以开车考察了周围方圆几公里的地方，没发现烟囱才让你住这里。这位女士还是坚信附近有烟囱，闺密只好陪她出去找。果然，在一条小巷子里走了10多分钟后，发现一个烟囱在一堵院墙后面若隐若现地露了一个头。

她的闺密都惊呆了。这到底是什么缘故呢？女孩从小跟随奶奶长大，父母是"不存在"的。人类的情感具有如此的灵活性，如果不能指向父母，那就只能指向物体，无法得到的爱和亲密于是变成巨大的恐惧。在对烟囱的喜爱这样的潜意识没有意识化的时候，女孩感受到的仅仅是恐惧。

当我向她解释了恐惧形成的原因后，过了不久我再见到她，她略带羞涩地向我展示了她手机里面存的几百张烟囱的照片，并告诉我她不再那么害怕烟囱了，以后还想办个烟囱图片展览。也就是当她心中压抑的对烟囱的喜爱浮现到意识层面之后，喜爱可以冲淡、稀释她的恐惧，她的恐惧就发生了改变。

3. 行为上的改变。

比如一个人有很多自我攻击的行为，我们现在遇到的最多的就是作息不规律、熬夜。

这是一种自虐的行为,甚至是自杀的行为。这种象征性的自杀行为,有可能是向他人的攻击没有办法释放出去之后发生逆转,进而向自己攻击的结果。

当他意识到这一点的时候,这种自我攻击就可能会减少。

当然从临床上来说,或者结合我们身边的例子来观察,有时候我们意识到某些行为的潜意识内容后,这些行为仍然不能够发生改变。

为什么?

因为行为有自己的一套系统,它们不完全跟我们的认知和情感联结在一起,要改变这个问题,需要另外一套方法。

我曾经跟朋友开玩笑说,大部分人明白很多道理,但是很多行为仍然没有发生改变,所以心理医院应该附属一个监狱,在监狱里强行地逼迫人做出行为上的改变。当然,这仅仅是开个玩笑而已。

不过,生活中也的确有很多人加入一些训练营,比如节食训练营,或者是其他的一些自愿被强迫的项目,让自己发生改变。

潜意识意识化之后会不会重新回到潜意识?这是一个好玩的问题,我觉得是完全可能的。

我拿意识范围来举例子。当我的意识范围扩大之后,如果遭遇了重大创伤,我可能会退行。

退行就会导致意识范围缩小,也就意味着很多已经意识化的东西又一次回到潜意识。

我说的不是生物学层面的智力不足，因为这个问题现在还没办法解决。我说的是一个人的人格对其智力发挥的限制，这种限制是可以通过心理治疗解除的。

我在临床上遇到过几个阅读障碍的个案，都是年轻女性。其中一位女性在上初中时出现以下症状：看书上的一段文字，每个字都认识，却不明白这些字组成的一段话到底是什么意思，这就是大脑的整合功能被抑制了。为什么会被抑制呢？因为她父母对她要求非常严厉，除了学习，不允许她做任何其他孩子都可以做的有趣的事情。我们知道阅读是有趣的，有趣在于那些孤立的文字组合在一起会产生意义。这个女孩潜意识里认为，这种乐趣意味着违背父母的愿望，会受到来自父母的惩罚，"禁止有趣"就这样泛化到阅读上，使她抑制了这个整合功能。

那么如何治疗呢？理想的操作可以是这样的：首先通过家庭治疗，使整个家庭氛围不再那么紧张，形成快乐的氛围；其次是一对一的咨询，咨询师让这个女孩明白阅读产生的快乐并不意味着对父母的攻击，也不会受到父母的惩罚，这就是潜意识意识化。

大家可以体会一下，这样的潜意识意识化是很有难度的。这需要来访者有很好的领悟力，咨询师有高超的技巧和足够的耐心。这个过程难度大，也是精神分析治疗需要很长时间的原因。

赋予某种能力以某种不好的意义，超我被激活，就开始打压这个能力。比如你潜意识赋予赚钱的能力（这是一个很多能力的集合体）以剥削甚至抢劫的意义，加上你赋予钱以堕落、腐化的意义，超我就会对你赚钱的能力实施打压。

自恋：自己跟自己玩的孤独与哀伤

　　自恋是一个有趣的话题，但自恋的背后，有一些哀伤。而一个人跟过度自恋打交道，是一件不太让人舒服的事情。

　　自恋，希腊文是 narcisse，本来是古希腊神话中一个美少年的名字。传说他看到湖中自己美丽的倒影之后，就爱上了自己，从此茶饭不思，憔悴而死。后世的心理学家用他的名字来描述那些心中没有他人的人。

　　自恋的人有以下一些特征：

　　自恋的人会夸大自我，包括夸大自己的能力和重要性。比如一个人在潜意识层面认为自己是所有人的中心，表现出来的就是觉得所有人都看不起他。我们看到这样的自我中心感是经过了某种变形的，即把别人都关注自己变成了别人都看不起自己。记得有一次一个人跟我说，曾医生你看不起我，我想了一下说，我没有空看不起你，因为我在忙着担心别人看不起我。他听了之后先是一愣，然后就哈哈大笑起来。

自恋的人会唯我独尊。当他意识到自己不是沙滩上唯一的鹅卵石的时候，他的自恋就已经受到了损害。在日常生活中，有人会因为碰巧跟别人穿一样的衣服而自尊心受损。还有一些人追求限量版的产品，甚至有些人会吃一些珍稀保护动物，这些都是为了满足自己独一无二的感觉。

自恋的人还会对赞美成瘾。他们需要别人随时随地地赞美，在别人不赞美的时候，他们就自己赞美自己。比如说自己是一个不可多得的天才，每天早上都被自己帅醒，想找一个佩服的人就照镜子等。

自恋的人还有一种不合理的权力感，他们期待被优待，或者别人无条件地顺从自己的意愿。如果他们的愿望没被满足，就会生气，这就是自恋性暴怒。比如，有人开车的时候，动辄狂按喇叭，好像他一出门，所有人都应该为他让路；排队没有耐心；遇到跟自己不一样的观点就勃然大怒，觉得对方是跟自己过不去，等等。

自恋的人在关系上是剥削性的，他们只会索取，而没有付出的能力。在亲密关系中，常常会出现自恋性的竞争，即一方的自恋满足需要以对方自恋受损为代价，所以这样的关系最终可能会走向破裂。

嫉妒他人，也是自恋的人的特征。面对他人的才能和成就，他们身处不能欣赏的困境。跟他人进行近距离肉搏式的竞争，并获得压倒性的胜利，是他们追求的目标。我们知道，这个目标并不是总能达到。

自恋的人还缺乏共情的能力，对他人的痛苦常常无动于衷。他们也可能会做一些慈善之举，但目的并非救他人于水火之中，而是表现自己。

自恋的人常常幻想自己拥有巨大的成就、无限的权力、盖世才华、超凡的美貌或完美的爱情，他们沉溺于这样的幻想中，直到幻想破灭或者在运气好的情况下幻想永不破灭。

自恋跟抑郁情绪有很大关系。根据流行病学调查显示，中国有超过 7000 万人患有抑郁症，这是一个非常庞大的群体。当我们夸大了自己的能力，有时候的确可以搞定一些事情，但是如果碰到一些搞不定的事情，夸大的自我就会破碎，抑郁就产生了，所以抑郁是自恋破碎之后的产物。极端的自恋，我们称为恶性自恋，可能表现为自杀。

自恋也分健康的和不健康的。健康的自恋，是一个人不断发展自己的能力，比如你现在正在学习精神分析，以满足自己的各种需要。而不健康的自恋，就表现为一个人的需要大于他的实际能力，所以他会经常处在一种不被满足的状态，就像儿童时期没被父母满足一样。

有着健康的自恋的人是很有人际魅力的。他们的自恋会形成一个温和而强大的引力场，不知不觉地把他人卷进去。我们说某个人气场强大，说的其实就是他的健康的自恋覆盖的范围。在这个范围里，他人会不自觉地受他的影响，而且不会感到自己被强迫。

那病理性的自恋是怎么形成的呢？是在生命早期的时候，孩子在跟母亲的关系中，缺乏来自母亲的共情性回应。我们可以想象这样一些画面：一个幼儿在那里各种表现，希望妈妈认可和赞美，但是妈妈却视而不见。慢慢地，孩子就必须把注意力从妈妈那里撤回到自己身上。我们同样也可以想象，这个幼儿对妈妈是多么失望，以及对自己是多么失望。

跟自恋相关的抑郁在我们的社会中如此普遍，估计这跟文化传统和目前的教育环境有关。我们的文化传统要求孩子们成龙成凤，如果成不了龙凤，抑郁就是自然的结果。在这个基础上，教育环境制造了太多孩子们之间的自恋性竞争，那些在竞争中失败的人，也只能陷入抑郁之中。

自恋者的自救，是把爱自己变成爱他人。但跨出这一步真的非常不容易。学习心理学本身，的确可以增加一些对自己的了解，但如果只跟知识打交道而不跟活生生的人打交道，那么知识就可能成为新的、夸大的自我的一部分。

记住，获得人格成长的唯一途径，就是去获得新的人际关系经验，看心理医生是获得新的人际关系经验最安全的方式。

退行与固着：与成长背道而驰

我们经常说到个人成长，成长意味着各种能力的增加，以及人格的完善。而退行处在与成长相反的方向，某些本来已经具备的能力一旦在退行中被削弱甚至丧失，人格就会变得虚弱和不完整。

简单地说，人的心理发展有三个台阶。第一个台阶是依赖。这个阶段的人，没有他人就活不下去。婴儿对他人的绝对需要是合理的，但如果一个 30 岁的成年人变成了啃老族的一员，他就被认为退行到了婴儿期，当然你也可以认为他固着在婴儿期。第二个台阶是控制。比如有人很在乎他人对自己的看法，本质上是想控制他人，也是人格不独立的表现。第三个台阶是健康和成熟。这个阶段的人具有爱自己和爱他人的能力，有独立和自由的人格。

有人一遇到麻烦事就睡觉，这是形式上的退行，跟婴儿一样，因为婴儿大多数时间处于睡眠中。

成年人的显著特点之一，是有性生活。但有一部分成年人很早就丧失了对性的兴趣，这也是退行到未成年人的表现。

不苟言笑的成年人也在退行中。他们的人格较弱，撑不住成年人内心的需要和激情，也无法轻松应对外界环境，就只能用僵化的方式压抑自己，以不变应万变。

我们集体退行的方式，是退行到依赖期，具体表现就是对美食的过度依赖，当然还包括对其他口腔刺激的依赖，比如抽烟、喝酒、嚼槟榔等。当然，美食是美好生活的一部分，但如果对美味的爱好需要付出太大健康的代价，那就是一个问题了。

下面我列举一下各种能力的变弱或者丧失。

1. 运动功能障碍。一个 13 岁的男孩被老师严厉处罚后出现下肢瘫痪，各种医学检查没发现器质性问题。这是心理应激导致的躯体形式障碍。心理动力学认为，该男孩有用脚踢老师的冲动，但被规则压抑了，用失去运动功能来避免出现更糟糕的结果。另一个更普遍的例子是，有些孩子在学业上很优秀，但体育成绩总是不达标，这是因为他们赋予了运动以反抗父母的意义，因为他们的父母只在乎他们的学习，所以他们不自觉地压抑了自己的运动能力。

2. 语言障碍。口吃的发病率约占人口的 1%，中国有 1000

万人受口吃的困扰。从大的方面来说，这是人格退行的表现；从具体的角度来说，这是一个典型的赋予某种能力的运作以某种名义堕落的典型例子，强调一下这句话：赋予能力以堕落的意义，即超我被激活对其打压，能力削弱或丧失。这样的患者的超我类似于"君子讷于言"，认为流利说话就不是君子。

3. 记忆力。学习的本质就是记忆，不仅是大脑的记忆，还是身体的记忆。记忆力不好也是一个功能障碍。我们会倾向于忘记让自己痛苦的事情（当然有时候会相反）。有些父母辅导孩子作业时，会不自觉地剥夺孩子的记忆能力，结果导致父母记住了那些东西，而孩子没记住；有些正值壮年的人就开始抱怨自己的记忆力减退，提前进入了衰老期，而衰老可能是没有太大器质变化情况下的巨大功能上的退行，这就是为什么有人80岁还有好的记忆力，有人40多岁就显得记忆力不好。

4. 智力。智力的增加是成长的显著标志。现在，有两个群体处于比较明显的智力退行状态。一个是一些学习困难的孩子，他们在潜意识里赋予使用智力以各种不好的意义，如堕落、抛弃父母、攻击老师和同学等，所以他们无法把功课学好，尽管他们有着强烈学好的愿望。另一个是一些中年人过早进入无为境界，对使用智力嗤之以鼻，对绝圣弃智趋之若鹜。这种退行是对生命的浪费，也是对人类进步的阻抗。因为从来不缺乏放弃使用智力的普通人，所以使用一点点智力的骗子们就可以大行其道。在我们的社会中，有一个可以被称为"老人福利"的东西，当然不是年龄超过多少岁可以免门票之类生活层面的东西，而是老者潜意识层面的优越感和特权，这使得很多人用提早衰老来换取这份"福利"，比如媳妇希望提前熬成婆。

5．专注力。专注力对孩子来说尤其重要，遗憾的是很多孩子的专注力被损害了。当父母要求孩子专注的时候，就已经在确定无疑地损害孩子的专注力。理解这一点并不困难，你可以想象一下，在他人的高压下要你专注于某一件事，你专注的可能是压力本身而非需要专注的事情。更重要的是，被外界要求专注，会使人产生一种服从之后的屈辱感，这会极大地削弱关注的品质。专注力是独立人格的副产品。

6．社交技能。无数的宅男宅女回避社交行为，对他们来说，社交性的适应行为会使他们感觉到丧失自我的危险，或者否认自己对他人的需要，因为这种需要会导致自己产生屈辱感。与此相反的情形是过度社交、过度使用社交技能，他们是在回避独处时要面对的内心冲突和痛苦。

7．无法转化工作和娱乐，即无法从追求快乐的娱乐状态转化到创造价值的工作状态，原因是赋予了工作太多的象征性意义，比如工作就是被虐待、被驱使，或工作意味着长大成人而内心还住着一个不能工作的小孩。很多人认为，周一早上是最痛苦的时刻，就是这种转换出现了障碍。

8．判断力。之前发生的张扣扣事件，让一些人丧失了判断力。他们混淆了法律和心理学的界限，也丧失了判断一个人是罪犯还是病人的能力。这种判断力的丧失扩大到一定程度，就会形成危害法治的舆论暴力，使现代社会退行到原始部落时期。

　　我们要感谢死亡本能，感谢来访者的阻抗，正因为有了阻抗才有了精神分析这个行业的存在，这叫本我阻抗。弗洛伊德用好多词形容过它，一开始说力比多（性力的专业说法）的黏滞性，说力比多总是容易停留在更早的阶段，这叫固着。后来又用了"死亡本能"来形容这个情况，这是本我阻抗。也有超我阻抗，超我阻抗就是我改变了，但我心中的爸妈或者人类社会是不允许我改变的。

　　应对退行各种弊端的办法，就是成长。相对于退行而言，成长是一个缓慢的过程，它需要心灵知识的积累、人际关系经验的积累，而最重要的是，心中有一个或一些充分成长的人格的榜样。

投射：让世界如我所愿

投射是一个人把自己的想法、情绪、冲动或者愿望放到另外一个人身上，因为他不愿意看到自己身上的这些东西，他宁愿在别人身上看到这些东西。

投射现象无处不在。

我们跟大自然的关系中，就有很多投射。"感时花溅泪，恨别鸟惊心"，这是作者把自己悲伤的离别心情投射给了花和鸟。

人际关系中经常有投射。某天一个朋友开车送我去一个地方，那个地方我熟悉，但他不熟悉。有两次到了要转弯的地方，我都忘记提前提醒他，因为我不自觉地认为他也应该跟我一样，知道在什么地方应该转弯。

我写这本书，也弥散着投射的味道。因为我讲了太多的课，所以投射性地认为大家都知道这些内容，重复讲会损伤我的自恋。我的同事给我做治疗，他说听过你的课加上看过你的视频的人，总数不会超过一万，而这本书可能有超过一万人购买。这个干预很有效，我很快会出这本书。

再说回父母辅导孩子作业时，有两种投射。

一种是关于智力的。父母可能对自己的智力信心不够，并将这种不自信投射给孩子，所以，孩子在做作业时表现出的丝毫迟疑（其实有可能是在思考）都是笨的表现，父母就开始变得越来越不耐烦。这种催眠般的投射，会使孩子真的变得越来越笨。

另一种投射是关于学习态度的。父母本身就不是一个热爱学习的人，他们对自己的懒惰视而不见，并把懒惰投射给了孩子，所以他们对孩子的懒惰很有"鉴赏力"。在这种情况下，我们可以说，如果孩子变得越来越懒惰，那是受父母懒惰的影响。

亲密关系中的投射也很多，最有破坏性的投射有以下三种：

第一种，亲密关系中的一方认为自己不完美、有低价值感。我有点犹豫是不是要使用"自卑"这个词，使用这个词的好处是通俗易懂，坏处是导致自己产生某种屈辱感。斟酌再三，还是用"自卑"这个词吧。这种自卑感是自我攻击，投射出去就成了感觉到对方瞧不起自己。

　　第二种，亲密关系的一方在一个看法上存在扭曲，认为爱和依恋是弱小的表现。这种弱小感也会引起自己的屈辱感，投射给对方，就变成了害怕向对方直接表达爱和依恋，最后爱和依恋会变成对对方的指责。用指责替代爱和依恋的妙处在于，既表达了需要，又使自己免于屈辱，因为把屈辱给了对方。当然，这样做虽然保护了自己，却破坏了彼此的关系。

　　第三种，亲密关系的一方没有觉察到自己内在对性的冲突，就会把对同性的欲望投射到对方身上。举个例子。一个男性对他妻子跟其他男性来往非常敏感，经常无端怀疑妻子有外遇，他妻子为此很痛苦，双方也总是因此发生严重冲突。动力学的解释是，这位男性可能隐藏了自己对男性的兴趣。需要说明一下，在我们的文化里，对同性的欲望是压抑得很深的，如果贸然解释一个人的这个欲望，会导致不好的后果，甚至会破坏精神分析这门学问的声誉。所以，针对某一个人的同性恋倾向所导致的关系问题，只能在严格的精神分析设置下进行，不能针对某一个特定的人。

　　在职场中，也有很多投射，常见的有三种：

　　第一种是下级对上级。很多人面对领导时不知所措或者充满恐惧，这是把要攻击领导的愿望投射成了领导要攻击自己。也许你会问，我为什么要攻击领导呢？回答是：有可能是早年你对父母的敌意，跨越时空转移到了现在你跟领导的关系中。

第二种是同事之间的关系。这个关系中有无数投射，我们只说一种。你的潜意识希望跟同事的关系亲如兄弟姐妹，你投射性地认为其他人也有这样的需要，但事实上别人并没有表现出这种需要，失望之后，你开始抱怨人心凉薄。

第三种投射跟嫉妒有关。一个人攻击某些人，说他们急功近利、贪财、好虚荣，他看不见自己对成就、财富和荣誉的需要，而把这些东西都投射给了别人。

投射跟安全感有直接关系。环境的安全性对生活中的每个人都是一样的，但每个人感受到的安全度却不一样。安全感较低的人，是把自己对他人的敌意投射到了环境中。换句话说，安全感越低的人，内心"杀人放火"的欲望越强烈。当然这是一种夸张的表达。

文化差异会制造投射。例如，一个德国人娶了一个伊朗妻子，他去妻子父母家里时，大家对他特别热情，生怕他觉得被冷落。其实他非常希望有一点独处的时间。很显然，伊朗亲友把自己总是需要关爱、东方式群居的愿望，投射给了边界冷峻的德国人。

群体之间的冲突也会制造很多投射，投射之后冲突又会升级，形成恶性循环。比如 A 团体把自己剥削、堕落、破坏和毁灭的欲望投射给 B 团体，B 团体也对 A 团体做类似的投射，互相把对方看成恶魔，就会产生冲突甚至战争。

消除投射的方法是增加交流。交流所呈现的事实，会使投射被收回。当然，在有些情况下，如果收回投射影响到人格的基本稳定时，有人也会选择对事实视而不见。

还有一个可以发现自己是否在投射的办法，就是思索一下自己对他人的什么特征敏感。一般来说，我们会对自己有的特征敏感。足够独立的、自我边界清晰的人，比较少投射。做一个有趣的想象：一个完全不投射的人是什么样子的？回答是：他不是人，是机器。不过，我这样说也许正在投射。

在不产生现实麻烦的前提下，投射可以使世界显得如我所愿。这其实包含让我们可以愉快地活下去的诗情画意。

如果两个人都在不停地投射对方，他们的交流会让彼此更确信自己的投射，这样是不是就无解了？的确是无解了。

尤其是在夫妻争吵的时候，双方都在投射对方。这种争吵只有通过暂停来终止，双方现在不吵了，先各自回避一下，睡一觉起来再说。可能只有这种方式才能够消除这种投射。当然，还有一种方式就是每个人各自去找自己的心理咨询师。

一个人成长得越好，他就越清楚地知道自己的边界在哪里，他就不会把自己的东西放到别人身上。

情感隔离：共情能力的匮乏

说出"情感隔离"这四个字，我就想起鲍勃·迪伦那首《答案在风中飘》里的一句歌词："一个人要多少次地扭头，假装他什么也没看见。"

他当然看见了，只是没有情感反应，所以等于没看见。

一个人心智化的能力，就是把自己和他人当成一种心理学意义上的存在的能力，而人作为心理学的存在最重要的特征，就是具有情感。现在步入中老年的那一代或两代人，在他们的儿童时代，只是被当成生物学的存在，吃饱穿暖就可以了，他们没有条件甚至没有愿望把他们的孩子当成心理学的存在，来满足他们情感上的需要。好在现在不一样了，因为我们已经有很好的物质条件，以及正在走向我们的精神分析。

情感隔离包含两个方面，一是觉察不到自己的情感，二是觉察不到他人的情感。后者也可以被称为缺乏共情的能力。

下面是父母跟孩子情感隔离的三个例子。

父母或父母一方过多地将时间、精力放在工作上，他们用工作隔离了跟孩子的情感联结，至少减少了联结的情感浓度。意识层面的因果关系是因为工作忙，所以陪孩子的时间少了。但在潜意识层面，因果关系是倒置的。因为要减少跟孩子的情感联结，所以增加了工作的时间。我猜测，这样的理解会让很多人恼怒。能够恼怒就太好了，这表示你的情感隔离正在松动。

有人马上会追问，我为什么要通过工作隔离跟孩子的情感呢？这是起源学解释，有很多种可能性。其中一种是，也许你自己在童年时被太忙的父母忽略，你爱你的孩子，所以你也想你的孩子尝尝你童年的味道，你想把他变成能够很好地理解你的人。共享经验是爱的表现，其中也包括共享痛苦的经验。

父母跟孩子的话题减少。很多父母只会跟孩子谈学习，学习成了隔离他们情感的又高又厚的墙。孩子无数次地试图通过谈别的东西突破这堵墙，但很快父母就会把话题拉回到学习上。当孩子兴高采烈的时候，父母感觉到自己的情感隔离有可能被打破，害怕也变得兴高采烈，所以立即会说一句魔咒般有效的话：你的作业做完没有？

各种补习班、兴趣班也可能起到隔离父母跟孩子的情感的作用。当父母强迫孩子做那些事情的时候，他们看不见孩子的痛苦，也觉察不到自己对孩子的心疼。很多孩子成年之后，对自己曾经的所谓兴趣深恶痛绝，就证明他们当年没有被当成有情感的生物对待。

亲密关系中的情感隔离，有以下几种表现：

电视和电脑出现之后，有人说它们会毁灭亲密关系，结果并没有。但手机的出现，使这种毁灭成了可能。有太多的亲密关系中隔着手机，以及手机里的万事万物。为什么一个人更愿意看手机而不愿意看自己的配偶，是因为看人会激活更多的情感，而这些情感是他无法承受的。还有，在象征意义上，手机可能是这个人身体的一部分，沉溺于手机，是自恋甚至自慰的表现。

夫妻吵架，看起来在激烈地表达某些情感，但同时也在隔离另外一些情感，比如自己对爱、温暖、亲密的需要，以及不让自己觉察到对方也有同样的需要。在一个能看懂潜意识的外人的眼里，夫妻的冲突是一种双方情感隔离的亲密行为，藏着掖着地在亲密，又不想让自己和对方意识到。

有孩子的夫妻容易把孩子当成互相情感隔离的工具。过度以孩子为中心，忽略夫妻之间的情感交流甚至性关系，会使孩子感觉到情感上不堪重负，因为夫妻间被隔离的那部分情感会流向孩子。孩子会被迫扮演某一方配偶的角色。这至少会导致两种糟糕的结果：一种是孩子的容器功能可能会被撑破，他无法消化自己要面对的那些问题，比如学业的压力；另一种是会影响他的社会交往，因为父母太需要他了。

在这一点上对父母的建议是：要自私一点，过好自己的日子，你们关注过多，孩子容易远走高飞。

在公共场所，人们发生言语甚至肢体冲突的可能性是很大的，我在武汉的街头就经常看到。冲突双方，没有足够的情感隔离，是无法那么高浓度、长时间"厮杀"在一起的。我们想象一下两个陌生男人在街头产生冲突的画面：他们都在讲道理，试图让对方认错，这是认知层面的纠缠，他们需要隔离这种纠缠带来的亲密感。两人情绪高涨，也纠缠在一起，这是更加融合的亲密。如果两人再动手，那就是身体级别的高浓度接触了。所有这些加在一起，要压制多少对同性的冲动被唤起才能做到？

深层心理学认为，人人都有潜在的同性恋倾向，这当然包括我。我满足这一需要的方式是跟同性吃吃喝喝或者打牌，这就够了，而不愿意在街头众目睽睽之下用跟同性争吵撕扯的方式来满足。

有个问题：什么是理想的人生？一个回答是：认知和情感生活都是饱满的。

饱满的认知生活意味着智力的充分使用。生而为人，智力没有充分使用，实在太遗憾了。但是，如果人生只是使用智力，而没有丰富的情感体验，这样的一辈子跟一台电脑没什么区别。

我们从这个比较小的角度来重新定义一下精神分析，它是一门让智力和情感相互支持的学问，使一个人能够拥有二者都饱满的一生。

智力的使用过程和结果总是跟情感联系在一起的。比如我们解了一道复杂的代数题目之后会快乐，还会想到这会让异性同学欣赏，就更加快乐了。

情感隔离的本质，是对智力的压制。

我们的智力发挥得越好，就越不会限制我们表达爱恨情仇，因为在智力的呵护下，情感表达会"随心所欲而不逾矩"。智力还可以在过度情感表达之后收拾残局。

我们为什么要隔离自己的情感？因为我们不敢。为什么不敢？因为智力撑不住。不是因为先天智力障碍，而是智力的使用被我们赋予了太多象征性意义，比如堕落、投机取巧、背叛父母和文化等。

当我们在谈论情感的时候，到底在谈论什么？

我们是在谈论情感中智力的比例。极端的两种情况是：智力缺损，情感表达就是歇斯底里；智力过多，就是情感隔离。健康的人格分布在这两个端点之间的连续谱上，它不是一个点而是一个线段，这使得由各种人格组成的世界也可以万紫千红。

强迫性重复：某种程度几乎等于命运

弗洛伊德当年从一个 5 岁的男孩身上发现了一个现象：这个男孩反复把一个玩具丢到自己看不见的地方，又反复去寻找它。弗洛伊德把这个现象称为强迫性重复。

成人身上会有这样的现象，即重复体验相同的情绪、关系和做相同的事情，哪怕这种重复的后果是令人痛苦的。

我们现在对强迫性重复的理解已经到了生物学层面。人类是低等动物进化而来的，我们还保留着原始大脑。在 2 岁以前的所谓前语言期，一个人经受的创伤会储存在原始大脑区域，形成内隐记忆，并构成相对封闭的神经回路，不容易受到新脑即大脑皮层的影响，这就是为什么"明白很多道理，仍然过不好这一生"的生物学层面的解释。当然，明白了这个生物学原因，还是有可能过不好这一生。

下面列举一些强迫性重复的例子。

• 强迫性后悔。一个人在面对选择的时候，潜意识经常故意压抑自己的智力，所以做出了错误的选择，导致了糟糕的后果，然后他就处于后悔之中。这样的情形在他身上已经发生了无数次，看起来他有对后悔成瘾的癖好。对此的精神分析解释是，他潜意识层面的夸大自我可以使时间倒流，因为后悔是使自己在幻想层面回到了当初要做出选择的那一刻，他好像可以重新选择正确的那一个。我曾经开玩笑地说过这样一句话：我不怕犯错误，因为我错了可以后悔。这里又有一个因果倒置。意识层面的因果关系是：因为错了，所以后悔。但潜意识层面的因果关系是反的：因为要后悔，所以犯错。

• 强迫性冲动行为。这里是指各种冲动，如斗殴、暴饮暴食、购物等。人的这种冲动会导致重复性惩罚，包括自我惩罚和来自法律的惩罚，并对惩罚成瘾。行为化的强迫性重复是典型的前语言期的问题。

• 强迫性自虐。我想起二十几年前酒桌上两个男人的对话。一个说，我不能喝多了，喝多了头疼。另外一个男人理直气壮地回应说：喝酒就是为了让头疼的！不头疼喝什么酒？！科技的发展也为各种自虐提供了方便，比如随便玩一个什么电子游戏，就可以熬到深夜。所有精神科症状都有强迫性自虐的意义，自虐带来的痛苦可以抵消一些内疚。这些内疚感一般来自对父母的背叛感、幸福或成功之后的不配感，以及低存在感对持续自我刺激的需要（相当于我内疚，故我在）。

• 强迫性失败。看某些人的奋斗史，你会觉得他们必须有某个数量的失败之后，才有某种程度的成功，或者成功之后，一定要有数次失败。我们谈论的当然不是胜败乃兵家常事中那种可以理解的失败，而是当事人和旁观者都觉得有点怪异的那种失败：明显感觉冥冥中有一只手在安排这样的失败。这只手的名字就叫强迫性重复。失败的潜在目的也许是满足父母潜意识的愿望，或者避免自己潜意识里夸大的自我去毁灭世界和他人。

• 强迫性破坏关系。有一些人的关系是按照下面的过程发展的：认识、亲密、融为一体、冲突、破裂。自我觉察比较好的人，都可以直接提出这样的问题来：我的亲密关系为什么总是这个样子的呢？我尝试回答一下这个问题：你的潜意识对关系设置了一个幸福度和持续时间，超过阈值，"警报"就会响起，你就会诱导他人帮助你降低幸福度和缩短持续时间。如果对方没有这样强迫性重复的程序，他跟你的冲突可能就有强烈的"不得已而为之"的感觉。他最终有可能觉察到，他并不想跟你绝交，而只是在配合你。

强迫性重复是对创造性的防御，是在用重复过去的生命浪费现在和未来的生命，这又为未来的强迫性后悔埋下了伏笔。

现在很多人都知道强迫性重复，这是专业人员多年做科普的结果，但要阻止强迫性重复，却不是一件容易的事情。它在某种程度上几乎等于命运，在命运面前，所有人都可能觉得无力。

但我们还是要抗争一下，无论是否有效。阻止强迫性重复大约有以下三个思路：

1. 增加自我觉察。这样的觉察可以理解为大脑皮层的功能对原始大脑指挥行为的观察，相当于建立了超越原始大脑封闭性神经回路的新的神经回路，也相当于更多地使用智力，而不是仅仅使用情绪。有人曾指出了我的一个矛盾：既然说了过度使用智力是情感隔离，那为什么还说我们谈论情感，本质上是在谈论智力呢？我用一个比喻解释一下。如果智力是一个碗，情绪就是碗里装的水。碗越大，能够承受的情感就越多。但如果是一个没有中间凹下去的碗（当然那就不叫碗了），就无法装哪怕一点点的水了，那就是情感隔离（没有情感）。如果完全没有碗，情感如水泻地，人格的边界都消失了，便不再是人类的独立个体。

2. 找精神分析师。虽然不能确定解决问题，但会有一定程度的帮助。在精神分析咨询的过程中，来访者的诉说是很重要的一方面，可以把那些在情绪、行为和关系中的强迫性重复言语化，会部分起到修复前语言期创伤的效果，建立两个大脑之间的新通道。在这个意义上，我们不是去"看"心理医生，而是去给心理医生"演讲"。强迫性重复不是被心理医生治好的，而是被我们自己说好的。也许你会问，在生活中找个人说可以吗？当然可以，但估计你不容易找到心理医生这样的职业倾听者。

3. 借助外力。很多人说过这样的话：道理我都懂，就是做不到怎么办？我开玩笑地回答：那这样吧，我除了办心理医院，还办个"监狱"，让你在"监狱"待着，我们强制性地帮你做到你想做的。看得出来，这样的人是把自律的能力外包给了他人。这样做为什么不可以呢？从理论上来说，在法律范围内，一个人自愿在特定的时间内放弃某种自由，临时借助外力完成某些改变，获得更加健康的人格，貌似是可以的。在现实生活中，有人进入军队这个"革命熔炉"几年之后，获得了高度自律的精神以及各种能力，就是这种做法有效的证据。我们可以称之为某种系统化的行为主义治疗。

攻击性：人的基本动力

弗洛伊德用他无与伦比的大脑，思考人从事各种活动最基本的动力是什么。他的答案是：满足力比多和攻击性的需要。

攻击性是与生俱来的。从对婴儿的观察，我们可以发现这一点。但也有人认为，攻击性并不是与生俱来的。一个人一生中攻击性的演变，主要有两个方向：

1. 象征化。从直接的躯体暴力到在法律范围内，用被主流社会接受的方式释放攻击，比如取得比别人更高的成就、拥有更多知识、获得更多荣誉等。攻击性象征化不足的人，可能会受到法律的惩罚。

2. 攻击性向外。与此相对的是向内。向内的攻击包括内疚、自责等，这也是抑郁症的发病原因之一。

比如，对孩子来说，学习是最重要的事情，但有些孩子无法通过取得好成绩来表达攻击性。这是因为学习变成了父母对他们实施攻击的主战场。如果这样的事情已经发生了，最好的办法是父母跟孩子的学习保持一点距离。一个经典的例子，母亲高考数学 120 分，虽然她一直在辅导儿子的数学，但她儿子到高中毕业数学成绩都是班上最差的。后来她儿子去美国读大学，数学成绩每个学期上一个台阶，最后以 A+ 的成绩毕业。她儿子向妈妈解释为什么大学以前数学不好，其实就是内心深处对妈妈的怨恨。

成年人通过工作释放攻击性。有些成年人潜意识层面赋予成就太大的攻击意义，所以被吓得不敢成功。或者说，他们好像受到了某种诅咒，这个诅咒暗示了某种成功后的惩罚，成功还意味着对施咒者的攻击。

一些父母经常说，只要孩子健康、快乐就好。他们潜意识里也许有另外的愿望，所以才需要用强调这一点来掩盖。比如，在武汉，夏天没有比来一杯冰水更快乐的事情了吧？一个大四的女孩想喝冰水，她妈妈严厉地说：每次喝了冰水你都嗓子发炎，你怎么就是记不住？！相信这一幕大家都不陌生。喝冰水跟嗓子发炎没有必然联系，如果真的是每次喝了冰水都嗓子发炎，那也可能是暗示出来的。暗示能够制造很多令人吃惊的结果，这位妈妈确定了一个因果关系，如果女儿不配合，就是攻击妈妈，就会内疚——这是攻击转向自身，即自我攻击。还有，冰水跟快乐的关系是显而易见的。但是，快乐是一种分离性的状态，意思是你快乐我就插不上手了，你不快乐我才有给你帮忙的机会，所以，孩子的快乐被妈妈认为成了"攻击"。所以，不允许别人快乐，是借关心对方的名义实施攻击。

攻击还有一个有趣的功能，就是表达亲密。这可以理解成喜欢谁，就在谁身上用力，包括躯体上和心理上的用力。所以我们想攻击某个人的时候需要想一想：我真的那么喜欢这个人吗？

攻击性向内还可以渗透到躯体层面，比如癔症性瘫痪、偏头痛或其他心因性疼痛等。举一个临床上的例子，一位中年女性长期背部疼痛，各种检查都没发现器质性变化。后来去看心理医生，在自由联想的状态下，她说从小开始，每当她在外面遇到什么麻烦，不仅得不到父母的支持，反而会遭到他们的各种指责和惩罚。对她来说，外面的事儿都不是事儿，背后的事儿才是事儿，才是创伤。当对父母的愤怒得以在咨询室充分表达，并得到心理医生共情之后，疼痛几近消失。我们看到了背痛的象征性意义："有人从背后攻击我。"

攻击性无法正常表达，还跟自恋有关。在潜意识层面，当一个人夸大地认为自己一出手就足以毁灭世界的时候，他就必须压抑自己的攻击性。那些能够在法律和基本道德框架下自如地表达自己的攻击性的人，潜意识里就没有这样的自恋。所谓潇洒，其实就是没被自大吓着。在网络环境中，因为多数情形下无须对攻击后果负责，还可以匿名，所以，现实中压抑了攻击性的人，有可能爆发出看起来会毁灭他人的"凶残"。

自卑是自我攻击的常见现象。超越自卑的本质，就是扭转攻击的方向。如何把攻击性向外呢？自己能够做的事情，就是融入跟他人的关系，投身一项事业，这样攻击性就有了一些外界的投注点。毕竟，在这个世界上，没有人能玩得过自己。

我个人反对"网络成瘾综合征"这个诊断，尤其反对对青少年做此诊断，因为这是对青少年的攻击，也是典型的现象学诊断，而不是科学的病因学诊断。青少年之所以沉溺网络，是因为在现实生活中无法释放攻击性，所以到网络之中避难。一切心理问题，都是关系的问题。"网络成瘾综合征"这个名称没有包含关系，是一个孤立的判断。精神科90%的诊断，如抑郁症、强迫症、精神分裂症等，都是这类诊断，它们有分类学上的意义，但大家都不必太当回事儿。

文化是具有某种人格化特征的存在。它对身处其中的每个个体都会有某种程度的攻击。我们的文化具有的特征，是预设一些人对另外一些人的权利，如年长者对年幼者的权利。这种预设显然是跟现代社会的法制与自由精神相违背的。有些人在古老文化中去寻找的不是知识，也不是美学意义上的东西，而是某种意义上的自我否定——否定自己现代人的身份。他们也许把不愿意背叛父母的潜意识愿望投射到文化上了。这种否定现在甚至有向下一代蔓延的趋势，有社会责任的一些知识分子认为，这种趋势应该被遏制。

施虐是攻击性的极端表达。在亲子关系、亲密关系中，很多人都体验过这种攻击。对施虐的精神分析解释是，施虐者内心有婴儿期残留的与对方"同归于尽"的融合性愿望，以及对关系无所不能的控制。但是，在以爱为基础的性关系中，如果没有违背李银河提出的三原则，即成人之间、自愿和私密场所，那施受虐行为则不属于病理性的。

还有人可能觉得，我太攻击父母了。

我知道很多父母跟孩子的美好关系，这是这个世界上有很多美好的人的原因。但美好不是用来分析的，而是用来欣赏和享受的，所以我不会在这里提到。我们只分析那些可能制造问题或者已经制造了问题的亲子关系。而且，我们这些分析不是为了攻击，而是为了把不美好变成美好。

小孩是在游戏中表达攻击性的。如果他们能够遵守游戏规则——我们知道，小孩对游戏规则是非常在意的——那么他们的攻击性就已经象征化和升华了。

对于学生来说，表达攻击性的最好方式，是让自己的学习成绩比别人都好。当然，一个人在学校里面也会参加各种体育活动。体育活动也是很好的升华自己的攻击性的方式。还有一个更加象征化的表达攻击性的方式，就是文艺活动。体育更加直接，而文艺更加抽象一点。这些全都是社会允许的。

如果你是一个离开了学校参加工作的人，工作得比别人更加出色，能够通过工作获得更多的报酬以及自恋的满足。这就表示你充分而且象征化地表达了攻击性，说简单一点，就是在法律允许的范围里面，你越生猛越好。

电影《少年的你》里面提到校园霸凌的事情，这部电影我没有看，但是我个人有亲身的经历。在我们那个年代，我因为家庭成分不好而被霸凌过。作为男生，我们也做过一些霸凌女生的事情，程度不是太严重，但肯定是有过的。我记得被我们霸凌最多的女生，在毕业之后变成了我们很好的朋友，到现在还有联系，我没有感觉到她现在仍然恨我们，但是我现在再想起这件事情的时候，还是会有强烈的内疚感。

从精神分析角度来说，因为未成年人对规则的意识还不是太明确，他们内心有很多没有足够象征化的攻击性，他们要攻击下手的时候是不知道分寸的。所以从深层来说，霸凌者和被霸凌者都值得同情。要解决校园霸凌的问题，就需要从制度上来入手。一个方面就是学校的管理，需要从制度上定一些条款，并且反复地告知每一个学生，如果你对他人做了违背条款的事情，你将会受到学校的惩罚。如果别人对你做了什么不好的事情，你需要告知学校，由学校出面来解决这个问题。

另一个方面就是要对在校的每一个学生进行心理学教育，要扩大孩子的自我意识范围，要他们在享受攻击的乐趣的时候，同时也能够共情被攻击者的痛苦。

比如我是一个曾经霸凌其他同学的人，在心理老师的帮助下，如果我能够体会到被我霸凌的那些人的痛苦和给他们造成的创伤，以及对他们以后成长的影响，那我的自我意识范围就扩大了。以后再做这件事情的时候，攻击性就可能会有所收敛。

我们每个人都是慢慢长大的，需要学习遵守这个世界的规则。同时，共情他人的能力，也是需要慢慢学习的。

反向形成：回避深度的自我觉察

　　一个人有某种感受，但他不愿意看到这种感受，就用完全相反的方式表达这种感受，这就是反向形成。比如，他对权威有敌意，表现出来的却是对权威的过度恭敬。

　　记住一句话：一切在程度上有点过度的东西，本质上都有可能是它的反面。

　　这句话的另外一种表达方式是："什么"是对"什么"的防御或者掩饰。前后两个"什么"一般是一对反义词或者相反的东西，它们的前后位置可以互换。比如，抑郁是对躁狂的防御。反过来也可以说，躁狂是对抑郁的防御。这种理解最近直接影响了精神科诊断：我们不再单纯诊断抑郁或躁狂，而是全部诊断双向障碍。

　　还有一个著名的心理问题，跟反向形成有关——洁癖。一位女士告诉我，她提前一天来武汉上我的课，住到一家酒店后，别人都出去玩了，而她花了四个小时打扫房间的卫生，门把手、桌椅，还有其他会经常用手触摸的地方，都用消毒湿巾纸擦一遍。我笑着说：跟别人比，你跟脏东西在一起的时间长多了，她也若有所思地笑了笑。

很小的小孩是没有"肮脏"这个概念的，他们甚至会喜欢脏东西。我们认为最脏的大小便，在他们眼里是自己的创造物。如果父母在教育孩子爱干净这一点上过度严厉，孩子就会学会反向形成，这就是洁癖有家族聚集性的原因。洁癖还会泛化到道德层面，这样的人会因为他人微不足道的缺点而拒绝跟他们打交道。可想而知，这种洁癖的人会有什么样的人际关系。

有人说话特别心直口快，并以此为荣。其实他们是在回避深度自我觉察，不想让自己知道真正的感受和愿望到底是什么。跟他们打交道，我们常有两种反应。一是被他们的所谓"刀子嘴豆腐心"伤害了，这就是他们真正的目的——伤人。根本没有什么豆腐心，有"痛苦的心"倒是真的，证据就是我们在他们心直口快后觉得痛苦了——这就是情绪传染。这一点也可以总结成一个经验：当我们跟一个人打交道后有什么特别情绪，就要思考一下这个情绪有没有可能不是自己的，而是他的；二是跟这样的人打交道时间长了，我们会不自觉地忽略他的表达。这也是一个证据，证明他的表达在掩盖真实的内心，所以没有价值。

还有个跟心直口快类似的事情，比如有人一开口就喜欢说"我跟你说实话""我不骗你"，这也常常是反向形成，意思是他后面说的可能都是假话。当然，需要强调一下，那些在意识层面上骗人的人，不在我们的分析之列。我们分析的是潜意识指挥的说假话，是那些首先要骗自己的假话。

比如，一位男士状态很不好，被妻子半强迫地拉去看心理医生，他对医生说的每一句话都是以"我跟你说真心话"开头，内容是自己所有方面都不错，心里惦记的是如何帮助那些孤寡老人，但医生越听越心惊：一个人要离自己的真实感受多远，才觉察不到一点点自己内心和现实的双重危机。这个远，就是反向形成造成的。如果情感隔离的人离自己的情感是一米的话，反向形成就是两米以上了——因为相反的情感被制造出来了。

当你特别烦一个人的时候，也许正在反向形成。有些青春期早期的男孩子会表面上很烦女孩子的婆婆妈妈，但我们知道，他们内心其实是非常喜欢的。他们只是还无法应对自己的欲望，所以不仅对自己的欲望视而不见，还把欲望变成了排斥。有很多人很烦新鲜事物，这是对人性中喜新厌旧的特征的反向形成。当然，过度喜新厌旧，就是对念旧特征的反向形成，也许旧的事物被他赋予某种无法摆脱的束缚感，所以他要把注意力全都放在新东西上。

我这样正的反的、反的正的一通乱说，也许你已经听烦了，你可能要问，这样说的意义到底是什么？其实这有很多意义，先说其中的两个。一是我描述了使用反向形成的人的内心风景，看得出来那是很耗费能量的。如果一个人觉察到自己这样内耗，他就可以把更多能量投入现实生活中，更好地去爱和创造。二是我们心中有一个理想人格的标准，就是活得真实，对自己和他人真实。揭示反向形成，就是还原真实。

我在潜意识一节中讲到了一个女士与烟囱的故事。这位女士对烟囱的恐惧和对父母的爱，其实就是反向形成。

还有，做事情过度严肃认真，也是反向形成。这样的人不愿意看到自己想通过犯错来攻击他人的冲动。

青春期的孩子不愿意看到自己内心强烈的破坏性冲动，这些冲动往往被伪装成献身某种貌似"崇高"的事业的行为。破坏与崇高，构成了反向形成。年轻的恐怖主义分子，就是被洗脑后去杀人的。他们是罪犯，也是反向形成的牺牲品。

疾恶如仇是优秀的品质，但如果过多地带着这种情绪，并缺乏情理允许范围内的灵活性的话，那可能是反向形成。他们可能是欣赏那些"恶"的，并且可能喜欢那些作恶的人。

网上流行过一句话："一切都是最好的安排。"我相信，发自内心觉得现在自己的一切都很好的人不会说这句话。说这句话的人，是要用这句话对抗自己生活中一些不太满意的地方。所以，这句话可以翻译成"我虽然有许多不满意，但我还是认为现有的一切都很好，这样我内心才能维持平衡"。这是反向形成的功效，从暂时渡过难关这一点来说，反向形成就是智慧，但不是最高的智慧。最高的智慧是直面那些没让自己满意的问题，并发展能力去解决它们。

回到那个女士和烟囱的案例，怎么向这位来访者解释她的反向形成，让她不再害怕烟囱呢？我回忆了一下，我实际上做了三件事情：第一件事情是让她做自由联想，想到什么说什么，希望起的效果是在自由联想的状态下，除了恐惧之外，那些被她压抑得很深的对烟囱的情感，比如依恋、喜欢甚至爱，慢慢地浮现出来。

第二件事情是给她做一个面质。因为如果直接做她潜意识里面喜欢烟囱的面质，难度太大了一点，从恐惧到喜欢距离太长，所以我面质的是一个中性的感受——烟囱对她的重要性。

因为对别人来说，烟囱可能是生活中可有可无的。但是对这个来访者来说，是一个非常巨大的、重要的存在。我们先把恐惧转化成重要，然后在恰当的时间把重要面质转化成喜欢。

第三件事情就是给她提出一个假设性的问题。如果她早年一直生活在父母身边，那烟囱对她来说还是非常重要的客体吗？

我估计她可能会说不是。因为跟父母的关系会极大地分散了她对父母之外的——比如烟囱——客体的注意力或者情感体验。

这样的提问，其实在暗示她烟囱有可能只不过是父母的替代物。

需要说明一下，对反向形成的处理，经常是不能太快的。这就相当于如果我们让一辆高速行进的车突然转一个90度或者180度的弯一样，会导致一些我们无法预料的结果。

　　所以，在处理反向形成的时候，我们需要克服自恋。这个自恋是我们通过干预能够迅速地改变来访者来满足我们的自恋。

　　我们的目的是让来访者在做好了充分的思想准备的情况下做出改变。如果太快让来访者改变，就是野蛮分析。

自我的边界：健康人格的显著特征

我们身体的边界是物理性的，看得见、摸得着。我们心理的边界是虚的，虽然看不见、摸不着，却能被觉察到。我这里说的主要是心理的边界。

自我边界清楚是健康人格的最显著特征，因为它标志着一个人充分地成为他自己，并且同时尊重他人的边界，乐意看到他人成为他自己。

我在这里介绍六种自我边界不清的具体表现：

- 心理上的自我边界不清，会投射到身体的边界上。这样的人在公共场所不知道跟他人保持必要的身体距离，比如排队时在空间较大的情形下，还贴着他人站着，甚至直接用身体把别人顶开，或者近距离地跟他人说话，别人退一步，他跟进一步，唾沫飞到别人脸上都觉察不到。

• 对自己的身体边界不敏感的人，对别人的身体边界也会不敏感。在高铁狭小的空间里高声打电话的人，声音的扩散象征着他们自我的扩散，并侵犯了他人的自我边界。

这样的人会让人不舒服，但他们不太会是"坏人"，因为他们有点"没心没肺"；他们有时候还可能让人觉得温暖，这个感觉也来自他们"自我边界不清"。

在父母跟青春期甚至成年的孩子的关系中，父母的边界不清比比皆是。主要的表现有以下几种：

1. 随意进入孩子的房间、偷看孩子的日记或微信聊天记录等。在孩子对此已经很反感的情况下，父母仍然不改变自己的行为。一个被父母这样反复突破边界的人，人格上会带着某种"味道"，将来在社会上就会以吸引他人来突破自己的边界。相信所有父母都不希望自己的孩子面对这样的未来。

2. 代替孩子做出职业选择。我听说好几个父母偷着改孩子高考志愿的案例，这就太极端了。人的一生很多时间都花在工作上，如果工作是别人代替自己选择的，那么工作就意味着受虐待。这就是很多人在事业上取得了很高的成就，却得了抑郁症的原因。

3. 婚恋方面，包括限制孩子交友、催婚甚至代替孩子相亲。这已经是相当大的社会问题了。这些做法是对孩子自我边界的毁灭性突破、对人权的践踏，并在预埋将来亲密关系的"地雷"，限定孩子在亲密关系中的幸福感。

从深层心理学角度说，父母对孩子婚恋的过度干预，在潜意识层面就是"越界"行为。

判断是否"过度"的标准是：孩子如果对父母的做法感到反感了，就表示父母过度了。反感是孩子在拒绝"越界"的铁证。想象一下，一个女孩找的老公不是她自己满意的，而是她妈妈满意的，这后果实在太难堪了。

当然还有一种更糟糕的情况，就是孩子对父母的"过度"都没感觉了，任由父母随意干涉。面对父母和孩子"合伙"找一个配偶的情形，我不知道该怎么办。

● 职场上的自我边界不清。

1. 当你觉得职场的人际关系太复杂有点难以应付的时候，可能是你自己对他人和工作环境投射了太多的复杂需要。你没有守住"我只是在这儿工作"的边界，你可能还想顺便满足对亲情、友谊的需要。

2. 因为工作跟人发生太多冲突。如果是由于单位规章制度不严格发生的冲突，可能是老板自己的自我边界不清投射到制度上的结果，这不可避免地会导致员工之间的冲突。在制度严格的情形下，你如果还是跟较多其他人产生冲突，那就是人格层面的冲突了。要么是因为你突破了别人的边界，导致别人"反击"；要么是因为你潜意识"邀请"别人进入你的边界，而你的意识又反对别人这样做——你的内心冲突，外化成人际冲突。

再重复一下说过的话：冲突、扯皮之类，可能是一种潜在的亲密行为。

3. 如果你在职场上不能持续晋升，或者跟同龄人相比晋升得很慢，可能是因为你的自我边界不清。想象一下那个有权提拔你的人，他往"人头地"里一看，肯定只会提拔那些鹤立鸡群的人，这些人跟他人的"边界"是清楚的。当然，平庸的老板提拔平庸的下级，这种情况不在我们的分析之列。

你的边界不清，导致自己的才干平均化，也使你的人格强度达不到引领人群的高度，自然不会被重用。

• "杠精"。你害怕同意他人的任何意见，因为你潜意识跟他人界限不清，在意识层面同意他人，会让你有被他人吞噬的感觉。你不是不同意他人的观点，而是不愿意跟他人融合。一个边界清楚、人格独立的人，是不在意同意他人看法的，或者说他不在意别人表达任何观点，因为他也把别人看成一个边界清楚的、独立的人，不会强制性地想改变别人。

• 在公共平台上暴露太多个人情绪和个人生活。如果你清楚地为了某一个目的有意识地这样做，那也没什么问题。但如果你只是习惯性地、无明确目的地这样做，那就可能是边界不清了。

这种情形可能带来的坏处之一是：你觉得自己处于众目睽睽之下或处于某种监督之中，这使你有意无意地要"表演性"地活着，而无法安静地走入自己的内心。

我们也可以体会一下自己看到别人在公共平台上过度暴露的感觉。有时候你会觉得知道某个人的什么事情之后，有一种被他拉得过近的感觉，这使你本能地想远离他。

● 边界僵硬是边界不清的反向形成。

这种是像机器一样过分精密地处理人际关系。比如在钱上面过分认真，几块钱的事情也被赋予占便宜和被占便宜的意义；过度保护自己的隐私，把他人对自己的一般兴趣理解为对自己边界的侵犯，也对他人的一切不感兴趣；在礼尚往来中"斤斤计较"，缺乏灵活性；等等。

在边界僵硬的背后或潜意识层面，我们是跟他人融为一体的。有人害怕看到自己对他人的需要，僵硬是在向自己显示：我很独立，我不需要别人。

所以，健康人格是有清晰的自我边界，但这个边界具有适应环境的灵活性，能够进退自如。

关系：
从负担变滋养

关系中的距离与秘密

经典精神分析认为，人活着从事各种活动的动力，是满足力比多和攻击性的需要。现代精神分析则认为，人活着最根本的动力，是建立和维持跟他人的关系。这个变化在哲学上是一个进步。性格跟人格有什么不同？在心理学领域，它们没什么不同，但在伦理学和社会学里，它们有点不一样。人格具有道德元素，比如我们说某人没有人格，是在说他不遵守基本的道德规则。

现代精神分析理论的基石，来自对母亲和婴儿关系的观察。这个关系是人格形成的最重要的因素。成人身上没有新鲜事，成人身上的一切都是婴儿那些特征变大或变形的结果。

婴儿的出生，是在身体上跟母亲分开，但出生后几周内，心理上还是跟母亲融为一体的。慢慢地，婴儿开始觉察到自己和妈妈不是同一个人，这就启动了会持续一生的分离——个体化过程。这个过程，有一个众所周知的说法，叫成为自己。估计没有人会反对，这是这个世界上最困难的事情。

成为母亲的女性，仍然是女性。女性有产道和子宫，像个中空的容器，还有哺乳的乳房，这些生物学的特征投射到关系上，就决定了女性一生的任务，即包容和滋养。这是人类得以在这个星球上繁衍下去的原因。此外，"生孩子"这种天赋的创造力，也使得女性"不屑于"跟男性后天的创造力进行竞争，这让男性在世俗成就领域有了点"用武之地"。

但人类社会发展到现在，女性开始觉醒，不满足于自己的先天优势，也希望自己在后天创造力上与男性平起平坐。这个趋势是女性的福音，当然也是男性的福音。

上面说的是大趋势，现在来谈个案。如果女性仍受限于生物学的特征，那么她的容器就需要容纳物，乳房需要滋养的对象，她还会把自己具有这样的功能当成自己存在的意义和价值。这就损害了她作为一个独立个体的价值，也会使她和孩子不能分化。

以下是两个具体案例。为保护相关人物的隐私，案例都做了处理。

第一个案例：

一位 38 岁的女性，已婚，有一个 15 岁的儿子。她因为情绪抑郁跟儿子经常产生激烈冲突而寻求咨询师的帮助。她的原生家庭的情况是：父亲是公务员，平常工作很忙，在家也很少跟女儿交流；妈妈是家庭主妇，喜欢唠叨；父母关系和睦。她本人是公务员，除了朝九晚五上下班，其他时间都陪着儿子。儿子初中之后开始变得叛逆，她跟儿子经常因为学习和玩游戏的事情发生冲突。儿子多数时间待在自己的房间里不出来，在学校成绩也不好。她生完孩子之后就跟丈夫分床，加上丈夫常年在外工作，夫妻很少过性生活。

这个案例里包含许多关系的秘密。跟儿子的冲突，是非常近距离关系的表现。或者说，冲突所掩盖的秘密，是无法被看见的爱、未分化的爱。这个无法被看见的爱如果对儿子表达出来，就是"你长大是抛弃我的，而我不能没有你，所以我要找一些事跟你纠缠"。强调一下，父母跟不管什么年龄的孩子快乐而亲密地在一起，是距离恰到好处的"远"的表现，这个"远"就叫分化，就是健康的关系。

为了跟儿子"高浓度"地在一起，这位女性还做了一件事情，就是把丈夫排挤在外。也许你会说，她丈夫是因为工作常年不在家的，但精神分析不这样看。我们现在身处择业自主的年代，一个人或一个家庭如果足够坚定，是可以找到工作和家庭兼顾的方案的。丈夫是调节母子关系最重要的角色，他的缺席，为母子融合提供了条件。跟丈夫距离远，是为跟儿子距离近做准备的。当然，让儿子体验父亲的缺席，也是这位女性在传递她自己早年的经历和感受。

跟丈夫分床和较少性生活，是象征层面对丈夫的阉割。这使丈夫无法以一个男性的身份介入母子关系中。可以想象，这位女性从事的工作以及她准时上下班的节律，使她无法最大限度地发展自己的能力，只能把儿子的能力看成自己的能力，把儿子的荣誉看成自己的荣誉，所以才对儿子的学习过度施压。从儿子的角度来看，他要成长为一个独立个体，就必须跟母亲反着来，付出的代价就是成绩不好，因为好了就会成为母亲的一部分。

孩子的某种能力的削弱和丧失，都有可能是跟父母（有时候是父亲对孩子的自我过度侵入）的关系过近的结果，而从效果上看，这些受损的能力是送给父母的礼物，因为没有能力，就意味着不能"抛弃"父母远走高飞。

还有一点，这些分析是不可以在生活中随意丢给某一个人的，就像不能在餐桌上做外科手术一样。我想象的一个场景是，一个正在跟孩子发生冲突的妈妈独自在某个时刻看到了这本书，某些点给了她一些启发，她觉察到一些自己的潜意识而使自己的内心发生了一点变化。之所以强调是她独自阅读，是因为这个状态很安全，只有安全才敢反省，由此产生的领悟也不会使她的自恋受损。

催眠大师艾瑞克森有句名言：要不顾一切保护来访者的面子。

第二个案例：

一位 24 岁的男性，因为社交障碍求助。他的具体情况是：从上初中开始，跟人打交道就不自然，不敢跟他人对视，担心自己的言行冒犯别人，也担心别人对自己不友好。这些症状缓慢而持续地加重，工作一年之后已经发展到他难以忍受的程度。我们做了近 100 次咨询后，这些问题基本上被解决了。他回顾对他帮助最大的是，他觉察到自己内心感受到的跟别人的距离是多少，以及真正的距离是多少。我还记得他非常慢地描述这两个距离，他说：心理距离非常近，近到我和别人好像能感受到彼此的呼吸，看到彼此的毛孔，听到彼此的心跳，触摸到彼此的皮肤甚至闻到彼此的味道，这让我非常紧张，而实际距离应该足够远，就像我办公室那两个一天到晚乐呵呵的小伙子之间的关系一样远。

我们还讨论过他为什么会是这样。他得出的结论是：因为他父母离他太近了，近到在他上大学之前几乎没有一个人独立做过一件事，或者单独见过一个人。

孔子说有些人"远则怨，近则不逊"，说的就是对人际距离的调节。远了，要通过抱怨把你拉近一点；近了，要通过攻击把你推开一点。只有人格不独立、个人边界不清楚，以及把自己的能力外包给了他人的人才会这样做。拥有独立人格的人的态度是：你离我近还是远，跟我无关。

被扭曲的人格，要怎么逆转扭曲呢？除了寻求精神分析的帮助之外，现实中还有什么具体可行的办法吗？如果是人格层面的轻度的问题，通过学习、交友等方式是可以有所改善的。但是如果人格扭曲到一定的程度，我是不相信在现实中做什么能够让人格得到改善的。

就说一个简单的例子，一般的小病自己在家里养一养，也就过去了。但是如果遇到非常严重的问题，还是应该去医院找医生。这个道理与上述情况是通用的。

有什么方法可以鉴定对方的人格是否充分成长？从专业上来说，就是对这个人的人格进行评估。但是在现实生活中，我们如果对对方的人格做出评估的话，有可能不是一个好的做法。原因如下：

第一，我们没有获得别人的允许去评估别人的人格，这是对别人的攻击。

第二，有可能我们没办法评价自己的人格，或者换句话说，我们没有勇气去面对自己的人格方面的问题，所以就把目光投注到对方身上，这样能够缓解自己看到自己不足时的痛苦。我个人强烈反对在日常生活中用精神分析的方式来评估或者改变他人的人格。至于在一对一的治疗中如何评估对方的人格，这是一整套学问，精神分析基本上就是干这个的。

如果要把这个讲清楚，我估计可能需要一个月的时间。所以，如果你对这个感兴趣，可以去读一读精神分析方面的书，或者是参加一些正规的精神分析方面的培训。这样你就会掌握一种系统评估你的来访者的人格方法。

亲密关系中的控制与自由

　　我有一个对人性的基本理解：人性是一系列矛盾的综合体。比如人同时是善良和邪恶的，对父母是既有爱又有恨的，既需要亲密关系又需要独处的。只看到或者说只愿意看到矛盾的一方，就会把另外一方排除在意识之外，潜意识就是这样形成的，这也是潜意识跟意识经常相反的原因。

　　当我们总是自我催眠，说自己是一个善良的人的时候，我们就看不到自己恶的那一面，这些恶就会以某种我们不能觉察的方式表现出来。生活中经常看到所谓好心人无意中做了坏事的现象，其实在他们的潜意识里本来就是想做坏事的。他们做坏事的冲动没有被自己觉察，就以某种看起来像"失误"的方式表现出来。而那些能够觉察到自己的恶意的人，能够把恶意置于自己的控制之下，保持警觉，就不会犯那些看起来"非故意"的错误了。

小孩因为人格还没发育健全，无法承受这些矛盾，所以他们只能把人分成好人和坏人，这样他们也可以选择对这些人要么爱、要么恨的简单态度。健康的成年人则能够承受矛盾，把多数人看成既好又坏的，态度也同时是既爱又恨的。这种态度可以让他的人格有个清晰的边界，在关系上既不融合也不疏离。我们也见过一些成年人，看人和看问题仍然保留着小孩般黑白分明的判断以及爱憎分明的态度，这显然是不那么健康的。

人在关系上的矛盾是既需要亲密关系，又需要自由。

对婚姻的定义之一是：以丧失某种程度的自由为代价来获得稳定的关系。看得出来，这是在面对矛盾的时候的权宜之计。考虑到男女差异以及人格差异，要维持亲密关系与自由之间的平衡，有高空走钢丝的危险和难度。

男女需要的亲密和自由的"比例"是不一样的。一般来说，女性对亲密的需求更高一些，意思是有更高的品质和更长时间的需要。这种差异与古老的社会分工有关。女性在分工中是留在家中的，所以注意力持续放在家庭成员的关系上，男性则需要外出打猎，注意力经常在家庭之外，当然目的也是养活家庭成员。换个说法，女性倾向于在关系中，而男性有时候需要从关系中离开一会儿。从这个意义上看，女性如果总是要男性待在自己身边，不允许他出去工作、找哥们儿玩耍等，就是

"反人性"的。而男性过多地工作，太频繁地跟哥们儿聚会，外出几天没给女性一个电话、一条微信，也是"反人性"的。

上面说的涉及社会性别的过度认同。过度认同这种男女分工就是对人格发展的限制，也会制造二者关系中的冲突。社会在进步，现在分工已经不那么明显了，有些女性"打猎"比男性还厉害，而男性也能够越来越享受细腻而持久的关系。如果是因为男女双方这样的潜意识性别认同导致的亲密关系问题，解决的办法就是女性变得"汉子"一点，男性变得"娘娘腔"一点。一位女性告诉我，她越来越不知道该怎么跟她老公相处，我回答说：你看看他哥们儿怎么跟他相处就知道了。同样地，我可能这样回答一位男性问我的类似问题：你看看你老婆的闺密怎么跟她相处就可以了。

要维持好的亲密关系，男女需要向对方的性别特征前进一步，或者说都要朝"中性"的方向前进一步。健康的人格，本来就应该是"雌雄同体"的。由这样的男女组成的亲密关系，双方都会多一些自由而少一些"性别战争"。

进入亲密关系的个体有两种状态：一是我已经有很好的"具足"状态，有你会使我更好；二是我无法一个人好好活着，有你我才能好好活着。显然，后一种状态会成为冲突的根源，因为毕竟没有人是专门被制造出来弥补你的不足的，你对他人的愿望最终会变成失望。那些经常对亲密关系失望的人，好像从来没有对他们如期而至的"失望"失望过，这就不是别人的原因了，而是他们自己的强迫性重复了。

越是已经自由的人，就越能在亲密关系中得到他想要的东西，因为他此时需要的仅仅是爱，而不是对对方的剥夺或"奴役"。

女性在亲密关系中的控制有两种方式。一种方式是抱怨，把自己变成了怨妇。这是退行到婴儿期，自我意识范围变小，放弃了智力的使用，并且使说话变成了近乎嘴唇的"吸吮"动作，其内容没有意义，所以别人不愿意听。更重要的是，抱怨在催眠般地向对方传达这样的暗示信息：你不能，也不愿意满足我的需要。这是双重的否定，既否定对方的能力，又否定对方的愿望。这就是抱怨最终无法解决关系问题的原因。从潜意识角度来看，抱怨的目的就是使抱怨者自己永远处在欲求不满的抱怨中。

抱怨是一个人最大的不自由状态，因为此时你是婴儿，你需要别人哺乳才能活下去。

另一种方式是撒娇。这貌似也回到了婴儿期，但本质却不一样。撒娇时意识范围是扩大的，能够精准激活对方英雄主义般保护弱者的愿望，当然也在催眠般传递这样的暗示信息：你能够而且也愿意满足我。可以肯定，很少有人能抵挡这样的控制。还有，撒娇时没有求人时导致的羞耻感，也不会投射羞耻感给对方，所以对方往往是乐呵呵地"被控制"。

亲密关系出了问题后，男性的常见反应是回避，上床睡觉、离开家或者沉溺手机。从象征意义上看，这表示他让关系中的自己的"死掉了"。这是没有进化好的低等动物的反应模式的残留，因为低等动物遇到危险时，会用静止不动或以逃跑的方式应对。从效果上来说，这种回避可以起到保护女性的作用。但是，我们说过，女性生活是要在关系中的，所以男性的回避会更加激怒女性。

在这种情况下，男性解决问题的反应方式还是留在关系中。但如果是以通常的方式留在关系中，男性肯定会受伤。要换一种方式，这种方式只有一个字：哄。所以，当男人"哄"女人的时候，有点"假"的部分也相当于从关系中抽离了，但看起来却好像在关系中，这就既维持了关系，又保护了自己。很多女性说，我和老公每次冲突，最后都是他哄我，我明知他是胡说八道，但还是很开心。

这样的男人在亲密关系中仍然是自由的，因为他没有接实招。为了获得好的亲密关系，他付出的不是自己的创伤，而是智慧。

不好的亲密关系中，有一部分原因是双方或者主要是某一方在重复父母当年的冲突。觉察到这一点，关系可以得到某种程度的控制和改善。有自虐倾向的人会通过破坏亲密关系来惩罚自己，这叫扩大化的自虐。

有人说，好的亲密关系有运气的成分。比如两个在人际关系上都有一点问题的人，他们组成一对却过得非常好。我不大喜欢"运气"这个词，因为它会让人忽略一个人自己能够起到的决定性作用。把关系的好坏交给运气，不如把它交给自己的智慧和决心。当然，亲密关系中的自由度，也取决于双方"鱼和熊掌"都要的智慧和决心。

婆媳关系的深层风景

我跟大家分享我从事心理治疗以来一个重要而且好玩的领悟。我用一个比喻来说明。如果心理问题是一个球，现在你手上恰好有这样一个球，那么请问：这个球是怎么到你手上的？答案只有两种可能性：一是从天而降，掉到你手上的；二是你自己抢来的。延伸出来的一个问题是：球现在已经在你手里，你是愿意把它丢出去，还是一直抓在手上？

如果你问一个有心理问题的人这"球"是怎么来的，对方可以清楚地说出来龙去脉，并且有明显的无辜感，觉得自己是"被疾病"了。我们口语中说的也是"得病"或"生病"，而不是"抢病"。但潜意识层面的事实绝非如此。我们的结论有两点：一是心理问题，至少有部分原因是自己愿意整出来的；二是摆脱它，取决于你是否从意识到潜意识真的想摆脱它。

关于婆媳关系的冲突，我从媳妇和婆婆方面分别做五个精神分析的解释。为了叙述的方便，我都使用第二人称"你"。媳妇方面：

• 也许你和你母亲之间的冲突是一个未完成事件。这个事件投射到了你和婆婆的关系中。你的潜意识里想通过跟婆婆的冲突，跨时空地解决你早年跟母亲的关系问题。我们知道，这在现实层面是不可能的。

在这个情境里，精神分析被认为是一门关于时间的学问，用于纠正时间上的错误。把现在的关系等同于过去的关系，就是时间上的错误。所以，这个目标跟佛教的目标是一样的，让一个人更充分地活在当下。

当然还有人物上的错误，误把婆婆当母亲。婆婆是老公的母亲，称呼上也叫"妈妈"，这增加了错误的可能性。

再延伸一点，你可能用早年的关系模式应对现在的任何关系。所以，早年没解决的关系问题都会在现在重现。或者说，你看起来活在现在，其实却活在早年的关系所制造的限定中。

• 你人格的发展停留在"控制期"，你是一个潜在的对权力过度感兴趣的"政治家"，跟婆婆冲突的本质是谁说了算的权力斗争。当然，在关于小家的事情上，尤其是在孩子的事情上，你和你老公拥有最后的决定权，是合理的。但是，如果你过度在乎自己的权力而忽略婆婆的权力或感受，就会制造冲突。

• 你有潜在的同性恋倾向，你不允许自己明目张胆地满足，就通过跟婆婆"近身肉搏"来满足。这是一种非常巧妙的方式，既满足了跟同性亲密的需要，又使整个事情在自己和别人看起来不是同性相爱。

如果你领悟了这个解释，你在意识层面对自己同性恋倾向的拒绝就会被激活，就会起到让你远离婆婆的效果。这也是我们期待的：远离了，冲突就没有了，有个成语说的就是这个原理——"鞭长莫及"。

有人马上要问：这样解释，真的是那么回事儿，还是为了借力打力编造出来的？我的回答是：在精神分析这个工具的帮助下，我们看到了潜意识的真相，所以，也许我们该换个词，不用解释，而是用"描述"二字。这样你就不会认为是我瞎编的了。

• 你把你对老公的攻击转移到了婆婆身上。为什么你不直接针对你老公？有很多原因，我这里只说一种：也许你对自我边界不清楚，所以投射性地不清楚老公和婆婆的边界，他们在你眼里几乎是一个人。设想一下，自我边界清楚的你可能会这样做：对老公有意见时，就把他拉进卧室，关上门一通暴打，完事后开门走到客厅，对婆婆露出灿烂的笑容，发自内心地说：妈妈，你太了不起了，养的儿子真扛揍啊。

• 在你的潜意识里，夫妻关系甜蜜、婆媳关系和睦造就的幸福的总和，有一个额度。超过这个额度，你就会觉得你不配。挑起战火、引发痛苦，可以把这个额度降低到你觉得配的程度。这也是人性里让人唏嘘不已的地方。痛苦超过限度，还可以滋生出一些殉难者的悲壮感，而幸福超过限度，诱发的就是自我攻击。

婆婆方面是跟媳妇相应的，比如跟自己母亲的关系、权力斗争，对同性的倾向，等等。

• 你对儿子有内疚，因为你的潜意识里认为当年对儿子不够好，要继续跟儿子在一起以便"赎罪"，所以你无法像别的母亲一样周游世界，放飞自我。这就产生了跟媳妇的近距离关系，使冲突难以避免。

• 你无法拥有和享受自己的亲密关系，你把它转化成对下一代、下下一代的爱。也许是因为你觉得甜蜜和有激情的亲密关系是堕落的，跟晚辈带有责任感的关系才是符合道德的。但是，你这样做不可避免地向晚辈投射了亲密关系中才有的元素，使他们不堪重负。媳妇跟你的冲突，在某种程度上是在代表你儿子、孙子"起义"，以摆脱跟你的关系的高浓度、高复杂度。

• 你无法通过创造来证明自己的存在和价值，你需要用付出来证明。当你的付出包含某种交易式的要求，并逼迫媳妇就范，媳妇不顺从时，冲突就发生了。典型的交易式表现是：我为你们孩子付出了那么多，那为什么你们家的事情、孩子的事情，我就没有一点决定权？

• 你的潜意识里，曾经并且仍然部分地把儿子看成自己的"老公"，原因是你对自己的老公不满意。所以，你把媳妇看成了"情敌"，怎么看都不顺眼。

• 你无法面对日益增加的死亡焦虑，所以你回避跟同龄人在一起，而选择跟儿子、媳妇和孙辈在一起。他们的活力会使你忘记自己的衰老和即将到来的离去。这种对他们的需要让你有屈辱感，所以你选择跟媳妇发起战争来掩盖自己的需要。意思是：我都骂你、打你了，怎么可能需要你？

以上的评述让我感觉有点内疚。这揭示得太血淋淋了。但是我马上又想到，这样做的目的是慈悲的，因为如果婆婆们悟到了这些，也许可以主动选择离开跟媳妇的冲突，用余生只做一件事情：愉悦自己。

　　婆媳双方都分析完了，那么为什么不分析婆婆的儿子、媳妇的老公呢？我现在只能说两只老虎打架，兔子是做不了什么的，所以不分析也罢。

　　如果有人问，悟到了这些，做不到怎么办？我的回答是：精神分析只负责开启领悟，不负责监督执行。我们如果还负责住到你家里监督执行，那是法律不允许的，行业伦理也不允许。当然最重要的是，"你做不到"的本身，就表示着你也不允许。

性与关系：生命被激活的程度

亲密关系的基本规则是什么？亲密关系说到底是二人游戏，所以我们现在谈论的是游戏规则，用一句话来表达，就是"爱其所是，而不是爱我所愿"。展开来说，意思就是我爱的是你本来的样子，而不是我希望的你的样子。

当你遵守这个规则的时候，就会发生以下事情：

你放弃了对对方的改造，对方会觉得被你接纳；不改造对方，也让你处在自由的状态中，你们的关系也不再是教育者和被教育者的关系；你不会把对方过度理想化，所以你不会失望；你也不会把自己的东西投射给对方，所以能够分辨清楚你和对方的边界；等等。

我见过的很多亲密关系中的冲突都跟违背这个规则有关。我们用两个例子来看看这个简单的规则的具体应用。

先说男人这边。在亲密关系中，男人喜欢跟女人讲道理，这被认为是一种很傻的行为。为什么？因为违背了这个规则。你爱的是这个人，就要接受她这个人的特点这一事实。这话听起来是废话，但这个提醒对绝大部分男人来说都非常重要，跟自己的爱人讲道理，就像跟自己的朋友、同学、同事讲道理一样，这是想把爱人往外推，没有"爱其所是"。

在亲密关系中，我们需要的是情感联结，你一讲道理，你跟她的情感联结就断了。如果人在亲密关系中总想推广大道理，那彼此的亲密感受也将越来越稀少。讲道理是判断对错这个级别的行为，是心理发育停滞在4岁之前的表现。

我想到一个老段子。婚姻关系中的两条基本原则：第一条，妻子永远是对的；第二条，如果妻子错了，参照第一条。

如果你还是不明白这一点，那就想象一下：当你对妻子表达亲密举动时，她跟你讲一通道理，你感觉会如何？

男人要讲道理其实可以跟机器讲，它们只按"道理"（程序）行事，但时间长了，男人又会嫌弃机器没情感。

再说女人这边。

男人在亲密关系中，最害怕的是唠叨。女人过度唠叨，是她的人格发展还部分停留在婴儿期的表现，也是没有"爱其所是"的表现。你的丈夫是个成年人，肯定不会完全按照你的逻辑行事，所以你会越来越失望，他因为不能满足你，也会觉得越来越挫败。这个关系的走向就堪忧了。

我爱那个本来的你，是件很有激情的事情，会惊喜不断，虽然有时候也会失控；爱那个如我期望的你，而你恰好又完全符合我的期望，是一件非常没意思的事情，不信你去工厂定做一个如你所愿的娃娃试试。

性和关系，以及生命被激活的程度，在经典精神分析框架里，性心理的发展几乎等于人格的发展。所有与快乐、顺畅、亲密、兴奋、激情、美好有关的事情，底层都是性的愉悦（力比多的满足）。所以，性的压抑，就是生命力的压抑。

有人问：人格层面的性压抑是什么意思？意思是，不是现实层面的压抑，比如没有性对象和性生活，而是一个人即使像皇帝一样此时此地有很多性对象，但只要看一眼，就会知道他是那种人格变态的人，因为在他性心理发育过程中人格被扭曲了，这就叫人格层面的性压抑。简单地说，就是过去的性压抑导致的人格扭曲。

我们现在说说性活动本身与生命被激活的程度的联系。这真的很简单，想象两个完全不同的画面就可以了。

一个画面是：一男一女，上床，关灯，盖上被子，没有语言交流，一阵波澜起伏后，结束了，睡觉。

另一个画面是：柔和的灯光，煽情的背景音乐，玛瑙色的红酒，雪白的床单，细语调笑，各种助兴的用品……不需要我再啰唆，你已经明白生命被激活的程度差异了。

再说说事业。

如果书中自有颜如玉，那事业中有更实在的颜如玉。力比多升华之后，就变成了建功立业的力量。功成名就之后的快乐，本质上是一种扩大化的力比多满足。我知道这里需要厘清一下性心理发展的思路。

相对婴儿而言，成人那里不可能有新鲜事。成人的性，绝不是天上掉下来的。当年弗洛伊德就琢磨这个事情，他发现婴儿也有性欲，他们的性欲集中在嘴巴周围。受老天眷顾，婴儿一出生，嘴的功能就相当强大成熟，这是吸收营养健康长大的天然资本。这个时候，食欲和性欲是通过一个器官满足的。

随着婴儿慢慢长大，食欲和性欲分开，性欲逐渐转移到排泄器官上，或者说，这个阶段排泄器官就是性器官，排泄行为就是性行为。而排泄是需要高度控制的事情，一个人人格中与权力斗争有关的内容，在这个时候就开始定型了。极端的情况有两种：父母如果在与孩子排泄有关的事情上过于严厉和焦虑，孩子可能会变得强迫，这是顺从父母的表现；或者变得过于散漫，这是对抗父母的表现，这都是排泄控制期的创伤。追求完美的父母容易制造孩子这个阶段的创伤。

上述两个阶段的创伤，都会在人格层面留下印记。

孩子小便之后，会本能地用手或脚把小便散开，以便他的小便能够占据更大的位置，这是小便在代表他本人占据更大的位置，这也是成年人攻城略地的雏形。婴儿吃奶意味着占有，把外在的东西变成自己的一部分；排泄物扩展意味着让外界的更多东西都沾上自己的味道。

成年人在事业上挥洒自如和功成名就，是婴儿性欲充分升华的表现和结果，只是不再有乳臭或大小便的气息。原谅我把一件美好的事情说得有点不美好，如果一切都是美好的，那真的不用这么分析了。需要分析的只有两种情况：一种是你对追根溯源上瘾；另一种是出现了问题。

对于上面说的两个性活动的画面，也许有人会说，差别不就是有钱没钱吗？但这样说太表面了。真正的原因是：力比多在事业上的充分释放导致了有钱。当然，也许最恰当的答案是所谓的循环因果：力比多释放，导致有钱；有钱可以使力比多更充分释放，转移到事业上就更成功。

你还可以想象一下，第一幅画面里的男女在生活的其他方面可能是什么样子。说简洁一点，事业成功是力比多升华后充分释放的副产品。

再说人际关系。

性关系是关系的一种。潘绥铭教授有一句话说得很好：性的问题，从来不是性的问题。意思是别的方面出了问题，投射到性关系上，性就出了问题。而最重要的"别的"关系，就是早年跟父母的关系。

一个人一生最重要的任务，就是建立和维持一些有滋养的人际关系。普通的人际关系，表面看起来是没有性的意味的，但是，深层地看，还是跟性有关。友谊是性关系升华之后的表现。同性之间的友谊，是同性恋升华之后的表现。

当一个人超我过于严厉，连一般社交中隐藏的与性有关的内容都被打压的时候，这个人就连一般的社交能力都丧失了。中国数以百万计的宅男宅女，就是这样被自我囚禁在家里的。

我们在生活中见过很多激情奔放、各种能力超强的人，本质上，他们就是少有性压抑的人。他们的意识和潜意识都清楚地知道，升华了的力比多的满足并不违背现行的道德和法律。

而那些情感平淡、各种能力都被削弱的人，本质上是性压抑。这样的人，生命没有被充分激活。可悲的是，的确是有很多人在生命还没绽开的时候，就面临枯萎了。

还有个问题：性成瘾者是生命被充分激活了的人吗？回答：不是。他们的性行为并不完全受健康的自由意志支配，更多的是一种补偿行为——补偿其他方面的挫败感，也是一种强迫性行为——机械地从事着性活动而缺乏爱作为基础。同时也可能是一种在健康上、法律上、荣誉上和财务上的自我毁灭行为。他们不是在激活生命，而是在限定生命，让力比多投注的范围变得狭小了。

最重要的性器官，不是在两腿之间，而是在两耳之间。两耳之间就是大脑。精神分析就是针对大脑里发生的各种心理过程做工作，以激活它的功能，并最大限度地减少各个功能之间的冲突导致的内耗。

传统人际关系的特点

这里说的特点，并不是"只有我们是这样"的意思，而是相对而言，我们"更"如何如何，也没有我们全体都有这样的特点的意思。另外，这些看法是一个长期生活在中国、曾短暂生活在国外的人的个人看法，不代表任何人或行业。

• 多中心的关系网。

在有宗教传统的文化里，人们围绕着一个中心：该宗教的神或神的人间代言人。当信仰该宗教的某一个人活着时，他直接对自己心中的神负责。全体教众都跟他一样有共同的中心。我们没有宗教传统，当然这个判断本身有一些争议。我们以家长为中心，家扩大后的天下以天子为中心。由此造成个体只对离自己最近的中心负责，这为中心之间的冲突埋下了隐患。

一个中心会形成一个圈子。圈内人对圈外人充满"非我族类"的敌意。这个敌意部分是被压抑的对圈内人的敌意。最后形成的表面现象是：对圈内人特别好，对圈外人特别坏。因为对圈内人的敌意是隐藏的，所以同时伴随着对圈内人的恐惧，害怕被抛弃或被陷害。这种恐惧反向形成之后，就变成了对圈子的极度依恋，甚至人身依附。

圈子是对人格发展的限定。它还可能被别有用心的人利用，严重时会危害到社会安全。人格强大的人是不会过度依赖或完全融入某个特定的圈子的。

● 分裂。

在多中心之间，容易使用分裂的心理防御机制。这是一种婴儿式的防御，意思是：因为心智发育不成熟，所以无法承受自己或对方"既好且坏"，要么把所有的"好"留给自己，所有的"坏"投射给他人。或者相反，把"坏"给自己，"好"给别人。

● 享受模糊的人际关系边界。

契约关系是一种边界清楚的关系。但这种关系是冷冰冰的，不能给人带来温暖。传统的人际关系是一种边界模糊的关系，我们倾向于把一切关系亲情化。这样做当然有利有弊。我们很高兴看到社会在朝契约社会发展，这是集体进步的标志。但顺便说一句，我个人很享受传统的边界不清的关系。

- 人际攀比。

我给出三个精神分析解释。

1. 好攀比者不知道自己到底需要什么，别人有什么，他就要什么。

2. 自己人格上的匮乏带来的屈辱感，需要用外在的荣誉和物质压倒他人来补偿。

3. 从起源学上来说，攀比心是婴儿跟母亲的关系的残留。母亲有我需要的、能够分泌乳汁的乳房，而我没有。

- 泛道德化。

赋予一般的享乐以堕落的意义，变得不能享受人际关系以及感官快乐，如美食、美景等。与此同时，会贬低享受那些快乐的人。穷奢极欲的人本质上跟这样的人是一样的，中间隔着反向形成的防御机制。这个可以帮助我们理解为什么一些曾经很节约的人会一夜之间变得铺张浪费。

对他人有过高道德要求，是自己人格弱小的表现，因为他幻想着自己被高尚的他人保护。他无法独自在"零道德"的环境中存活下去。

- 人际控制。

家庭中存在大量的过度控制，同时，家庭外的环境中其实也普遍存在着。

1. 学校是除家庭之外对孩子影响最大的场所。规章制度当然必不可少，但也存在不必要的规矩，尤其是有些教育者制定的个人化的规矩。还有，制度的一刀切也是过度控制的表现。过度控制是管理者焦虑的表现，它并不能减少错误，反而会导致受教育者人格层面的压抑。

2. 在职场中，过度控制是管理者家长化的表现，长久来看对企业会有很糟糕的影响。表面看起来控制的是人，事实上控制的是创造力和积极性，以及所有职员主人翁般的责任感，同事关系变成了互相监督的关系。从结果来看，一个企业的过度控制是这个企业（老板人格的象征）不想太成功的表现，这是团体级别的俄狄浦斯情结。有人说，一个企业开始考勤打卡了，就表示这个企业离倒闭不远了。这话也许不完全正确，但也说出了部分实情。

• 关系的功利化。

亲情功利化是最让人难过的事情，比如父母对孩子说，你优秀我才会爱你，如果邻居家的孩子比你优秀，我就更爱他。功利化是对友谊和亲情的掩盖，因为他不愿意看到自己对他人的需要，或者他曾经被功利化地对待。

功利化对关系、对自己的人生是一剂毒药。市面上一些所谓的成功学，最终可能只有众叛亲离的成功。

• 过度向权威认同。

米尔格拉姆实验让人不寒而栗。由于漫长的封建历史，我们的权威服从也是一件相当恐怖的事情，从精神分析角度解释，对我们大部分人来说，应该首先服从的是我们的父母。所以，我很想知道，你的父母，以及有可能是你未来的公公婆婆，他们的婚姻给了你这种信心吗？你愿意谈谈他们的婚姻在你眼中是什么样的吗？我们通过这样的方式，完成初始访谈的任务。初始访谈要了解很多历史，如家庭史、性爱婚姻史、个人的疾病史、遗传史等。

1. 某人可能是某个方面的权威，但可能被他人甚至包括他自己（自恋）赋予这个方面以外或者全方位的权威的意义。比如，一个企业老板可能是管理方面的权威，但他人把他看成精神导师甚至圣人，他本人也这样认为，造成对他的服从从工作场所扩展到生活的方方面面。

2. 人格不独立的人是没有底线的，因为他依赖权威才能活下去。满足权威的需要才是他的底线，是他活下去的必要条件。

3. 太把自己当成权威的人，人格也可能是弱小和残缺的，他需要扮演强大和完整。他人过度理想化的反馈，可以稳定他的夸大的自我意象。权威和服从者之间存在几近"狼狈为奸"的关系。在有独立人格的外人看来，他们其实都很可怜，因为他们都活得不真实。

亲密关系中的常见误区

　　这里的亲密关系特指恋爱和婚姻关系，其中的常见误区有10 种。

　　● 非血缘关系血缘化。血缘关系的特点是无法终止，就是割肉剔骨也不能终止。而亲密关系是可以终止的。当我们潜意识地把亲密关系转化成了血缘关系，就可能在言行上乱来，最后关系的破裂会告诉我们，这不是不可终止的血缘关系。还原亲密关系可终止的特点，会使我们对对方"下手"时变得有分寸。有人建议婚姻设置有效期，这实际上就是在提醒人们，婚姻关系不是血缘关系。

　　● 平淡替代激情。"老夫老妻"四个字催眠了无数人，平淡不应该是亲密关系的必然归宿。

关系的平淡化有以下原因：

向父母平淡的关系看齐。比如，一个女性知道她父母的关系完全没有温度，如果她让自己的关系充满激情，那让她的父母情何以堪？

双方对创造力的压抑。这是人格层面的压抑向亲密关系投射的结果，估计他们在其他方面也平淡，比如平淡的工作态度。激情是创造力的延伸，两个鲜活的、有创造力的人在一起，激情是不会褪色的。我们的文化对创造力是有些敌意的，创造力往往意味着背叛。

平淡还来自潜意识层面关系的未分化。小别胜新婚的"小别"，就是在现实层面对抗夫妻过近的距离。

• 用责任感替代娱乐性。一个自由的人会主动承担责任，不需要随时提醒自己和对方要有责任感。在亲密关系中，双方都长着一副严肃的负责面孔时，表示他们正在掩盖关系带来的愉悦感，也许这种愉悦感被他们体验成罪恶感。更糟糕的结果是，因为常把"负责任"挂在嘴边，可能是一种反向形成，所以时间长了会变成对责任的逃避。

• 用孩子隔离夫妻双方的情感。孩子是新来的"玩伴"，但这也为亲密关系中的某一方"喜新厌旧"提供了机会。有了孩子，就不要丈夫或者妻子了。这直接降低了亲密关系的品质，还可能让孩子不在孩子的位置，而处在配偶的位置，显然孩子会因此而不堪重负。

• 双边关系多边关系化。一个美国小伙子娶了一个中国女孩，后来他抱怨说，他实际上娶了女孩的整个家族。亲密关系是两个人的关系，其他任何人高浓度地介入，都可能成为问题。这些问题包括：夫妻感情受损、夫妻对孩子的权利受到干扰、各种边界不清导致的各种冲突等。让自己的亲友过度进入自己亲密关系的那一方，可能跟自己的原生家庭没分化，还没完全做好成为一个成年人的准备。当然，我们看到很多多边化关系的大家庭之间没有什么冲突，身处其中的人都觉得热闹、幸福，那多边化就不是问题。

• 亲密关系同事化。夫妻共事是常见现象，但要划清边界、不发生冲突，很不容易。没冲突当然是好事，如果有冲突而且难以调和，最好放弃同事关系。对那些从无法共事最终变成无法生活在一起的夫妻来说，他们潜意识里也许有一个倒置的因果关系：因为要分开，所以借共事冲突。

• 隐性性行为。人格层面有性压抑的人，往往通过表面上看不出来是性行为的方式来满足性的需要。人格层面的性压抑是一种不能自我觉察的状态，即使是性行为丰富到如封建帝王的人，也可能有这样的压抑，比如那些人格扭曲的帝王。夫妻之间频繁争吵甚至出现肢体冲突，就是一种隐性的性行为，在孩子面前吵架就更隐蔽。

• 某一方的嫉妒妄想。一定程度的嫉妒，可以被理解成调情的一部分，是健康的。但若嫉妒不是基于事实，而是基于猜疑，严重到双方都很痛苦，都觉得生无可恋，就是大问题了。我没有奢望通过在这里给出一个解释就能解决这样的问题，只要大家知道这事儿有一个理解的方向就可以了。解释是：嫉妒的那一方压抑了自己同性恋的倾向，这个倾向便以幻想配偶跟自己同性别的人暧昧来间接满足。这是精神分析角度的解释，也许连精神分析师自己都不一定相信。

• 自我功能过度外包。有些叱咤风云的女汉子一谈恋爱就退行，变得啥都不会了，啥都需要男友帮忙。短时间这样是健康的，但如果长时间不能从这样的退行中出来，就有问题了。常见的后果有两个：一是功能压抑后对方又不能及时而完全地补充上来，就会产生怨气；二是对方可能感到被过度索取，想从这个关系中逃离。显然，这两种情况都对亲密关系有破坏性。

• 扩大化的自我攻击。一个自卑的人进入亲密关系后，可能产生这样的感觉：你竟然看得上我这样不好的人，证明你也不怎么样，这是关系上的"远交近攻"。增加自己的价值感，自然就会减少对那些爱自己的人的贬低。

人为什么要有亲密关系？原因之一是在一般的人际关系中，我们会按照很多的规则行事，这其实是很压抑的，而在亲密关系中，那些规则可以被打破。通俗地说，可以以某种程度和某些方式"乱来"。但是，亲密关系有着自己的规则，你越是遵守它的规则，就越能享受在其中"乱来"带来的乐趣和滋养。

03

亲子关系：
你的孩子不是你的孩子

父母是什么人比父母怎么做更重要

　　父母是什么人比父母怎么做更重要，这句话是自体精神分析学家科胡特说的。

　　很多父母问的与育儿有关的问题，都与怎么做有关。假如有一本包含所有"怎么做"的书，你全部按照书上说的做，还是有可能会制造出一个有问题的孩子。而人格健康的父母，根本不知道这本书的存在，却可能培养出一个健康的孩子。"什么人"指的是父母的人格，那么，具备何种人格的父母才是好父母呢？

　　有很多说法，比如好玩的人、健康自恋的人、粗心而阳光的人等。我们这里说个新的：清爽的人。这样的人的特点是：在关系中边界清楚，不黏黏糊糊；能够自得其乐，不太依赖他人；处理事情果决，不拖泥带水；尊重他人的边界，不搞模糊不清的关系；等等。

如果你问，怎么达到清爽的人格境界呢？

我给一个总的回答，我能够想到的人格变化只有三种途径：一是有意识地训练自己的觉察能力，包括觉察自己的情绪、想法、愿望和行为，并且去理解这些状态后面的意义；二是去跟各种人打交道，在新的人际关系中使自己人格中僵化的部分变得松动；三是找精神分析师。

关于最后一点，我说两个被精神分析帮助过的还活着的名人。一个是瑞士生物学家、2017 年诺贝尔化学奖得主雅克·杜波谢（Jacques Dubochet），他曾是瑞士沃州官方认证的首例失读症患者，从 29 岁开始，接受了为期 6 年的"十分经典"的精神分析治疗；另外一个是现在的梵蒂冈天主教教皇方济各（Pope Francis），他在 42 岁时有半年每周见一次精神分析师，他说那位女精神分析师"帮了我很多"。

我们可以想见，他们去找精神分析师，并不是要解决某些具体事情该怎么做的问题，而是"我是什么样的人、想变成什么样的人"这个级别的问题。当然，怎么做也重要。

我觉察到自己在拉名人来支持精神分析的有效性。这样做背后有个反科学的逻辑：名人相信的，就是正确的。但科学的结论还是应该建立在循证的基础之上。

父母某一方未处理的早年分离创伤，可能使其害怕跟孩子分离，孩子的成长会被其看成是对自己的抛弃，所以会不自觉地做出阻碍孩子成长的事情。对孩子来说，游戏是他们的全部世界，也是他们学习成为自己和跟他人打交道的唯一重要的途径。但在有些家庭中，看起来无意义的游戏被禁止，或者成为孩子"受虐式"学习之后的赏赐。有时，孩子快乐地游戏还被赋予懒惰甚至堕落的意义。

广义地说，一切皆游戏，学习和工作都是游戏。严格区分游戏和学习的界限，既破坏了游戏的快乐，也削弱了学习的动机。那些把学习当成游戏的孩子，学习的动力永远不会衰竭。但这些动机是指向远离父母的方向的，会激活父母的创伤，所以会遭到父母的打压。

这样的父母能够享受跟孩子相处的悲情，临床上见到的很多有问题孩子的家庭，令人唏嘘：他们无力享受孩子成长之后的彼此"相忘于江湖"。

如果父母人格层面有过度控制的倾向，就会不自觉地打压孩子的各种能力，避免对孩子失控。比如有的家长随口制定的规矩是：大人说话，小孩子不要插嘴。这可能打压孩子以下的能力：对环境的敏感和做出相应的反应；在权威面前发表自己的意见；孩子的直觉能力是高于大人的，以大人身份压制孩子，等于直接压抑孩子的直觉能力。

如果父母要讨论真正的大人的事情，就找个孩子不在的地方吧。否则，就是邀请他参与，又不让他参与，这就使他陷入了双重束缚的境地。有研究证明，这是制造严重精神障碍的环境的特征，过度控制给孩子的感觉就是怎么着都不行。

有个关于双重束缚的段子：有个人养了一只狗，给狗取名为"别动"。这个人经常这样对狗说话："别动，过来"或"过来，别动"。据说，那只狗后来疯了。

也许你会说，这点小事值得这样过度分析吗？回答：不值得。但是，很多这样的小事加在一起，就是大事了。我们还是以结果论动机：没出问题，你当年做的都没问题；如果出了问题，那就要梳理所有大小事情——即使从人类大历史的角度来看，影响历史进程和结局的，并不全是惊天动地的大事情。蝴蝶效应也告诉我们，初始条件的微小变化，对结果有非常巨大的影响。孩子就处在对"初始条件"敏感的状态中。这也是精神分析为什么会那么在意人的早年经历。

父母对孩子的过度担心会起到诅咒的效果。当你想象孩子车祸后血肉横飞的画面时，你正在催眠他接近那个场景。看到你焦虑或恐惧的面孔，孩子在潜意识里会想：让这一切发生，你会不会就放松了？

父母的潜意识倾向于让孩子尝尝自己童年各种痛苦的味道，把孩子打造成最理解自己的人。被抛弃过的，会抛弃孩子；被粗暴对待过的，会粗暴对待孩子。让人伤感的是，这样做的动机是爱，因为爱一个人，才会让他以某种形式跟自己一样。但是，这是不健康的、没有分化的爱。健康的、分化的爱，是使孩子摆脱父母的命运。

父母压抑的东西，会让孩子代替自己表达。如果父母当年学习的目的只不过是要超越自己所处的有些屈辱的社会阶层，这种屈辱感不被觉察的话，那他也会让孩子的努力学习过程充满屈辱的味道，孩子反抗，就会变成厌学。潜意识里形成了这样的公式：学习等于屈辱。要孩子争气，那是直接在传递屈辱感了。

家族创伤有时候像个传家宝，父母似乎有责任把它传给孩子。比如，重男轻女是常见的文化级别的家族创伤。在不少的临床案例中，一代又一代女性被迫害的景象骇人听闻。很多女性的一生，毁于这种灭绝人性的文化传统。让人悲喜交加的是，多子女家庭中，如果有重男轻女的传统，结局往往是女性发展得很好，男性反而很弱。专业人士对此的精神分析解释是：重视男性就是制造了过高浓度的关系，在效果上等于阉割了男性，而被忽视的女性却获得了自由发展的空间。

我相信女性并不需要这样"莫名其妙"的所谓好处。美好的家庭环境应该是不论性别，每个人都有能够充分发展自己的条件，包括经济上和态度上的。

理想的文化环境是男孩和女孩的利益和权利不是此消彼长，而是均等的，更理想的情况是都足够充分。

父母分权，即在对与孩子有关系的事情上，双方都有发言权，而不是某一方独断专行。临床上常见的案例是父亲被排除在决策层之外，这会使孩子滞留在母子或母女二元关系中，无法发展到父—母—子女的三元关系中，并继续影响到子女的社会化。

对孩子严格要求，可能源于父母对自己的父母失望，以及对自己失望。对自己满意的父母不会有哀怨，也就不会要求用孩子的成就来消除自己的哀怨。说狠一点，那些在自己的生活中把其他成年人搞得一败涂地的人，是不会在家庭生活中打败自己的孩子，以补偿缺失的优越感的。对他人的失望，本质上是对自我缺憾的补偿：我对你失望，就忘记对自己失望了。

为使孩子不觉得自己成长是背叛父母，我们做父母的要掌握什么大原则，才能在孩子"抛弃"父母之前抢先"抛弃"孩子？既然是说大原则，数量不应该很多。我现在想到的是，父母不应该把成长的压力完全放在孩子身上，而是应该让自己也成长。

如果父母在孩子面前呈现的是一个饱满的生命状态，也就是不需要通过对孩子做出很多牺牲来证明自己存在的状态。我们虽然是你的父母，我们也是人，我们需要自己的生活。我们不完全是为了你活着。这种姿态本身就在告诉孩子，你也可以过自己的生活。

但是如果父母总是以一种牺牲的态度来跟孩子打交道，这种牺牲后面其实是包含了一种交易，就是我们为你付出了这么多，你也需要用某种不成长来陪伴我们。

对孩子不耐烦，是因为融合了恐惧或乱伦焦虑。辅导孩子作业，已经是现象学级别的社会问题。孩子学一遍甚至三遍还不会，会激活父母的融合焦虑：跟孩子在一起的时间超过了阈值。警报响起，要用不耐烦在情感上离开孩子。耐烦的能力，几乎等于一个人的人格独立程度。因为一个人格足够独立的人，他跟他人在一起多长时间都不会影响他的情绪，他还是他，不会那么急着用不耐烦把他人推开。

完美的父母会制造有问题的孩子。完美主义者的本质，是人格弱小，丝毫不能承受不完美，或者说某种缺憾带来的屈辱感，这种屈辱感会投射给孩子。地陷东南，天高西北，天地尚无完体。60 分的父母，是孩子健康成长的最佳环境。

完美的母亲，还会遏制孩子的创造力。母亲的缺点是孩子创造力的来源。创造力是在幻想层面弥补母亲的不完美，如果母亲完美了，就不需要创造了。面对完美的母亲，创造力就是攻击。

过度焦虑的母亲会把不能消化的情绪投射给孩子，孩子不能消化，就会把孩子的人格"容器"撑破，各种能力都会受损。比如孩子的社交功能受损后，就会宅在家里，逃入网络中，在虚拟世界里把自己"不能消化的情绪"投射给他人。

对孩子的信任是健康的冒险。信任是父母能够给孩子的最好的礼物。人本主义的基本信念是：所有人都有自动朝符合主流社会要求的方向发展的需要，比如遵纪守法、尽义务、爱人类等，如果有人不这样，那是因为他的这种倾向被打扰了。

对孩子不信任，是父母对自己不信任向孩子投射的结果。他们也不清楚自己为什么跌跌撞撞就到了现在这个样子，他们那些对社会的不满没有被象征化或意识化，于是投射给孩子，就变成了这样的理念：孩子不被严格管教就会变成罪犯。或者，父母功成名就的动力，来自要摆脱早年非常糟糕的环境，他们就想当然地认为，给孩子糟糕的环境才能让孩子努力。他们不知道，时过境迁，那些被信任的孩子一定会比"雪耻"的孩子有更持久的战斗力，也更有让自己幸福的能力。

让孩子拥有秘密，是他们长大的前提和证据。除了事关孩子被虐待、自杀和杀人的"秘密"，父母不可以看孩子的日记、微信和QQ记录。父母侵入孩子的私人领地，会令他在以后被别人侵入时觉得理所应当。

如果父母觉得自己不理解孩子了，就想想在同一个年龄的自己：你在想什么、要什么，以及希望父母怎么对待自己。不理解孩子，本质上是不愿意去理解，而不是不能够理解。我清晰地记得20年前的一幕，一个事业有成的中年男人对我又愤怒又哀怨地说，我实在不知道我16岁的儿子在想什么、要什么、干什么。我回应说："以你广泛的阅读、丰富的江湖经验、对人性的深刻思考，以及你自己曾在那个时段走过，你竟然不知道一个小你二十几岁的小男孩在想什么？如果他是你的敌人，你会不知道他在想什么、要什么吗？"他很快觉得自己好像知道了。再次强调一下，不是不知道，而是不想或者不敢知道。

所谓的代沟，是在为情感隔离找理由。没有代沟这回事儿，"代沟"这个词可以废除了，因为它代表的是人在理解他人方面的懒惰，而不是事实。或者说，它是懒惰制造的事实。

人性从有文字记录算起，并没有什么改变。所谓的代际差别，就算了吧。

让自己活得快乐、轻松，是所有父母能够送给孩子的最好礼物。因为这样的父母能使孩子敢于远走高飞。

不要太多地用对和错、好和坏来判断孩子的言行，也不要让他用这样的眼光看待他所面对的人和事。世界上大多数事情是不好不坏的，或者说是处于黑和白之间的灰色。过于在乎对和错，是人格停留在 4 岁前的发育水平上的表现，也会使孩子的人格缺乏足够的灵活性。

父母过于强调什么，往往会事与愿违。有个开玩笑的说法：医生的孩子容易生病，老师的孩子容易学习成绩不好。过度强调什么的时候，孩子为了保护自己的独立意志，回避屈从权威所导致的屈辱感，潜意识里会朝着相反的方向努力。还有，父母的强调本身可能是反向形成，比如一个母亲反复跟青春期的儿子说要多交朋友，可能是害怕孩子多交朋友后抛弃自己；更"巧妙"的地方还在于：是我说的要你去交朋友，如果你真的去了，也是我主动要你去的，我"被"抛弃的感觉会减弱。所以，你对他交朋友的"鼓励"，就变成了他宅在家里"陪你"。

对孩子的某些错误，特别是经常犯的错误，不要立即做出反应，而要延迟反应。因为你的立即反应可能会使孩子对用这种方式调动你的情绪和行为成瘾。我们都有这样的经验：自己一发出刺激，对方立即就有反应，这是一件多么爽的事情啊。

把孩子都当成心理学上的存在，这就是所谓的心智化。生物学的存在，意味着他们需要水、食物和空气；心理学的存在，意味着他们需要爱、信任、自由、独立，和有一个自己可以说了算的人生。

鲁迅说过，"我向来是不惮以最坏的恶意来推测中国人的"，我们知道鲁迅是智慧而深沉的爱国者，他这样说是为了警醒国人。这句话改一改，就变成"我从来不忌惮以最坏的恶意揣测父母"，这样说，是为了警醒父母。

我这里说的父母不是我们的父母，而是作为父母的我们。我无意声讨我们的父母，我只是希望我们自己在"父母"这个角色上，能够阻止家族甚至民族的创伤向我们的下一代传递。

精神分析的任务是：让所有孩子都不后悔来到这个世界。

60 分的妈妈和爸爸：孩子的最佳起飞平台

英国精神分析师温尼科特说，妈妈做到"good enough"就可以了，不必做到完美（perfect）。我最初把"good enough"翻译成"足够好的妈妈"，但这个翻译并没有传递出"不要太好"的意思，而且什么程度叫"足够"也不清楚；后来翻译成"刚刚好的妈妈"，似乎也不传神；最后倾向于翻译成"60 分的妈妈"，这既表达了"够好"的、"及格"的意思，又清晰地允许了 40 分的"不好"。

这个翻译的推敲过程有点追求完美的意思，跟我们要讲的"去完美"有点不符。好在这只是对事，而不是对人。

我先说说"完美"妈妈。追求完美本身是人格脆弱的表现。这样的妈妈既不能承受自己的不完美，也不能承受孩子的不完美。她的超我过于严厉，所以使她随时处于害怕犯错误、害怕被批评的紧张之中。如果犯了错误——其实这些错误对一个不追求完美的人来说微不足道，她本能地倾向于把责任推卸给孩子，这样孩子就成了她攻击的对象；当孩子"犯错误"（这个错误同样可能微不足道）时，她会认为是自己做得不好，羞耻感被激活，就会使她加强对孩子的控制。尤其当孩子处于1～4岁排便训练期时，要求完美的妈妈非常有可能培养出一个有强迫倾向的孩子。

追求完美的妈妈向外呈现的，不是那个有"瑕疵"的、鲜活的自己，而是一个被伪装的、虚假的自己，这使孩子无法通过妈妈的"镜影"看到真实的自己。换个角度来说，这样的妈妈眼里的孩子，也不是那个需要慢慢长大的"小人"，而是生下来就是"伟人""圣人"。可以想象，这样的孩子有可能一生都在寻找真正的自己——这个过程的具体表现可能是：用变得更糟糕来报复性地对抗妈妈对自己的完美要求。"更糟糕"包括各种心理疾病、心身疾病以及人际功能方面的障碍。

追求完美的妈妈，自然不会放心老公跟孩子的关系，这会使孩子从母婴二元关系向父—母—孩子的三元关系发展受阻，影响到孩子的社会化。这样的孩子可能一辈子纠缠在跟妈妈的关系中不能出来。

这里的纠缠，我们指的是心理上的纠缠，与空间距离没有关系。比如一个孩子上大学就去了美国，跟妈妈在物理空间上相隔万里，但他却像是"背着妈妈"远行的行者，身体虽在远方，关系却还是早年的关系。在满足妈妈的要求之前，他无法发展其他的关系，甚至永远无法发展健康的、不被妈妈影响的其他关系。

60分的妈妈自己已经放弃婴儿般的自恋，她不再需要通过自己的完美来得到他人的爱，因为她完全独立，能够自给自足。她能够面对自己的瑕疵，而不会感到羞耻，所以她也能够接受孩子的不完美，不会要求孩子完美来抵消自己的不完美导致的羞耻感。

当孩子处于放松的状态下，他不会犯更多的错误，而是会犯更少的错误。因为错误经常是潜意识故意犯的，用以反抗他人对自己的过度控制。

60分的妈妈有着最接近真实的自我，孩子在她面前也可以做真实的自己。在这样的妈妈的"镜影"下，孩子一开始就把注意力放在了解自己身上，而不是放在如何满足妈妈的要求之上，这也就避免了以后用一生的时间去寻找真实的自己。

60分的妈妈离100分的妈妈所缺的那40分，有无穷无尽的妙处。我在这里说三个。

1. 缺的40分构成了所谓的"母婴间隙"（这也是温尼科特的术语），也就是母亲与孩子之间的距离的意思。这个间隙在孩子长大之后，就改名为"自由"。很多人认为，自由的价值高于爱情甚至生命本身。

反观没有间隙的孩子，会对窒息性的关系成瘾。他们成年后要么仍然处于跟父母的纠缠中，要么处于跟他人高浓度的冲突关系中；我们的身体会反映心灵的需求，支气管哮喘，还有迁延不愈的鼻炎，都是身处这种关系中产生的躯体症状。呼吸的不通畅，是心理不自由投射到呼吸系统的结果。

2. 这里缺的 40 分为他人的进入开了一个口子。他人可以是父亲、老师、同学和朋友，孩子的世界从此变得天宽地阔，心灵也相应地变得浩瀚无边。40 分的缺憾原来不是缺憾，而是真正的完整与美好。

反观 100 分妈妈的孩子，他的世界只有一个人。临床上我们看到无数这样的情况，孩子长大后即使曾经有一段时间远走高飞了，但最终以疾病的方式回到了妈妈身边，那是因为他想留在妈妈身边，直到两人相互打 100 分之后，才能够放心地去做自己，这就是创伤。创伤之所以是创伤，是因为它让孩子滞留在创伤发生的地方，那个地方有"完美的妈妈"在等着孩子"回家"。

3. 这里缺的 40 分是科学、艺术等方面创造力的无穷无尽的源泉。它可以使人类用智力和想象力去制造一个完美的妈妈。很显然，现实层面的完美妈妈会扼杀这个创造力，创造力变成了对完美妈妈的否认，激活内疚感，在超我的监视下，创造力变成了罪恶本身。

育儿的知识为什么基本都是给妈妈用的而不是给爸爸用的呢？60 分的爸爸应该是什么样子呢？

这是一个有趣的问题。现在的精神分析理论认为，妈妈在孩子的人格成长过程中起着非常重要的作用，或者说起决定性的作用。爸爸只不过是母婴关系的背景，但是这个背景也非常重要。爸爸是孩子眼中的第二个人。第一个人是妈妈，第二个人是爸爸。当孩子意识到爸爸的存在的时候，三角关系就建立了。这个三角关系意味着二元关系的突破，这本身就意味着成长。

60分的爸爸，没有这个说法。对于合格的爸爸，他的主要功能就是要使母婴关系不要那么融合。但是很遗憾，在具体的临床案例中，有好多出了问题的孩子，他们的家庭里父亲的功能是缺失的，这是因为母亲强大的存在让爸爸丧失了本应具有的功能。当然也有其他的情况，比如爸爸主动离开了这个家庭。所以，有很多家庭治疗的方式，就是要加强父亲在一个家庭中的存在和权力。

简单地说，一个合格的爸爸，应该在家庭关系中制造三足鼎立的局面，而不是允许母婴这样的两极关系的存在。

独立抚养者面临的问题

"单亲妈妈"这个叫法有问题。从生物学上说，现在还没有克隆人的技术，所以任何已经生下来的孩子都是双亲，而不是单亲。心理上的很多东西也是受遗传影响的，即使出于各种原因造成父亲缺席，孩子仍然会受到父亲基因的影响。所以，"单亲妈妈"应该改为"独立女性抚养者"。另外，单亲爸爸或者说独立男性抚养者也越来越多。

下面我就从八个方面来谈谈独立抚养者可能面临的问题。

• 你未完成跟另一半的"分离"。

这种分离的原因是多种多样的，比如离婚、另一方因病去世等。这些原因最终都导致一个相同的结果，就是你需要独立抚养孩子。

　　如果你在心理上没有完成跟对方的分离，就肯定会影响跟孩子的关系。有些独立抚养者可能会说，我不觉得"那个人"对我还有影响，但这是意识层面的，潜意识层面的影响可能仍然存在。比如，你的情绪、认知和行为方面跟以前有点不一样，就有可能是未完全分离的表现。

　　一个关系的结束，需要充分"哀悼"。哀悼是清楚地确定某种丧失已经为既定事实，这可以消除潜意识里这个关系还在的幻想，使自己能够轻装上路。哀悼仪式有时候是必不可少的，这个仪式可以非常个人化。比如，在纸上写一段文字，然后烧掉；找一个闺密聊聊；去一个对你们有意义的地方住几天；跟心理咨询师谈谈；等等。

　　充分哀悼后的状态是：你可以全力以赴活在当下，活在现在的关系中。总的来说，一个人哀悼的能力几乎等于自身成长的能力。

　　• 过分向自己的性别身份认同，产生自我压抑之后的委屈感。

　　莎士比亚说："脆弱，你的名字叫女人！"这句话不知道催眠了多少女人。个体的以及文化层面的一个荒诞的歪曲认知，就是把能力本能化，意思是某些能力只有女性才能有，另外一些能力只有男性才能有。比如，女人强大做人、雷厉风行地做事就不女人了，男人买菜做饭带孩子就不男人了，这些现象表面上已经有很大改变，但潜意识层面的改变却并不大，尤其是女性潜意识向弱小认同这个方面。

人不可以没有信念。在独立抚养孩子这件事情上，有一个健康的信念：你一定可以很好地胜任这件事情。如果你不能胜任，那只有一种可能性——你压抑了自己的各种能力，或者说，你把这个能力外包给了你潜意识里幻想的一个男人。

本来可以轻松愉悦地完成的任务，却做得太艰难、太痛苦，也是你压抑了各种能力的证据。或者说，你赋予快乐地带孩子以不负责任的、轻佻的意义，而艰难和痛苦的过程能够给你某种道德上的优越感。还有，自我压抑后，做一点小的事情都会觉得委屈，这种委屈会通过攻击孩子来补偿：你让我委屈了，我也得让你委屈委屈。

再重复一遍已经讲过的内容：健康的男男女女都是雌雄同体的。一个有点女汉子气的女人，几乎可以肯定会养育一个健康的孩子。

一位非心理学的老师总结过一句话，胜过心理学家的千言万语。她说：养育一个健康孩子的妈妈，应该是粗心而阳光的。粗心，对应的显然是男性的"愚笨和麻木"；女性的"无微不至"，随着孩子的长大，愈加清晰地成为母亲和孩子关系中矛盾的根源。

• 跟孩子不能分离。

养孩子的过程，是母亲逐渐退出的过程。如果母亲有未愈合的早年分离创伤，孩子的成长就会激活她的创伤，她就会用各种自己不能觉察的方式阻止孩子成长。

父亲的功能是在母亲和孩子之间"插一脚"，避免母亲跟孩子关系过近。母亲跟孩子关系过近，会导致孩子成长变慢甚至不能成长。成长在任何意义上都意味着心理上离妈妈越来越远。对于独立抚养者来说，外在的"插一脚"没有了，这个任务就要自己来完成。这不是一件很容易的事情，因为这相当于同时扮演两个角色。但对于一个成长得很好的人来说，这也不是一件太难的事情，因为这样的人清楚自我边界。

• 用跟孩子的关系替代其他关系。

你可能以对孩子负责的名义，中断自己跟他人的友谊，放弃自己的爱好，全心全意只跟孩子在一起。潜意识里，这包含一个"交易"：你的孩子也只能跟你玩，不可以有自己的"外交"空间。这种跟孩子没有"留白"的关系，会极大地妨碍孩子的社会化。

• 用悲情感动自己。

人是容易对悲情上瘾的。悲情包含潜在的自我崇拜，并且也要求孩子对自己崇拜、感恩和顺从。持续被悲情感动的母亲和孩子，智力处于压抑状态，双方都可能部分丧失应对现实的能力。

在这个复杂的世界上，随时都要警惕自我感动、感动别人和被别人感动。因为感动的同时是智力剥夺，背后一定有不可告人和不可告己的目的。

• 把对自己的期望投射到孩子身上。

你放弃对自己的期望，让孩子满足你的期望。孩子立即处于两难境地：满足你，他就丧失了自我；不满足你，就攻击了他最爱的人，从而会产生强烈的内疚，即自我攻击。

• 建立新的亲密关系中的低价值感，以及隐藏对孩子的敌意。

独立女性抚养者会认为，在找男朋友这件事情上，自己的竞争力不如单身女性，这种低价值感会导致对孩子产生怨气，觉得是孩子欠自己的。

其实，这种低价值感跟孩子的拖累没什么关系。低价值感的人，随便找个什么理由就能证明自己的低价值，孩子只是随手拉来的一个理由而已。

一个男人真爱你，或者你觉得自己值得被爱，这个男人不会太在意你有没有孩子。在现实生活中，我见过几个例子，独立女性抚养者把有孩子转变成优势，打败了单身女孩。这种胜利所依靠的，是绝不自我攻击的彪悍人格。

还有一种常见情况，你自己认为找一个男人是抛弃自己的孩子。你把这个想法投射给孩子，认为孩子不同意你再找一个人。投射的过程是这样的：你跟孩子讨论这件事情的时候，过度小心翼翼，或躲躲闪闪地表达自己的愿望，这都是你自己不确定的表现，孩子几乎本能地会觉察到你自我拒绝的那部分，然后代表你的这部分对你说"不"。相反，如果你温和而坚决地表达你的需要，孩子就会欣然同意你的想法。

你去发展自己的亲密关系，最终也符合孩子的利益。简单地说，三个人玩比两个人玩的舞台更大，这为孩子以后飞向星辰大海打下了坚实的基础。

• 对自我成长的放弃。

你认为成长是孩子的事情，而不是自己的事情。其实对每一个人来说，成长都是终身的事情。你压抑了自己的雄心壮志，放弃了作为独立个体活着的价值，把自己仅仅看成孩子的保姆、厨师、司机、警卫员等，由此积累的怨气会变成对孩子的敌意，可能时时处处向孩子发泄。

孩子的那些所谓"毛病"

一个人的性格受遗传和早年经历两个方面的影响。遗传那个部分不可改变，也不必改变，要像尊重指纹的特征一样，尊重每个人的天然个性特征。受经历影响的那个部分，如果没有明显地压抑这个人的各种功能，没有太大地影响到他的成就和幸福，也是需要尊重的。

我们现在要谈到的是，那些与先天无关，而跟父母和孩子的关系有关的孩子的所谓"毛病"。

● 磨蹭。

可能有以下原因：

1. 父母或父母中某一方有磨蹭的习惯，把它投射给了孩子。孩子代表父母磨蹭，然后父母再指责他。

2. 父母代表孩子对他磨蹭的后果负责，比如磨蹭后可能上学迟到、赶火车误点、不能按时完成作业被老师批评等。父母对他的磨蹭后果负责，使他丧失了对自己行为的整体感（意思是不知道有什么后果），也使他觉得这不是自己的事情，就变得更加磨蹭。

解决的办法是：让他直接面对自己行为的后果，并对磨蹭的后果负责。

需要说明一下，对一个人的习惯或人格层面的东西，心理学上并没有可以立竿见影的招数。当我们太希望别人改变的时候，我们也许正在犯这样一个错误——攻击别人的独立人格。从另外一个角度说，一个人太容易被别人改变了，还有比这个"毛病"更大的"毛病"吗？

3. 孩子知道一磨蹭，父母就会着急，他逐渐对用磨蹭调动父母上瘾。

4. 也许孩子只是有一点点磨蹭，父母的指责放大了或者固化了他的磨蹭。改变这个习惯，会让他觉得羞耻。试着想想：在他人指责下改变某种习惯，是不是会有羞耻感呢？如果一被指责就可以改变坏习惯，那可能满大街都是完美之人。

• 沉溺电子游戏。

一个人为什么喜欢玩电子游戏？因为想通过操控来获得快乐和成就感。这是人之常情。问题是沉溺游戏的孩子的那些多于人之常情的需要是怎么来的？

可能是：

1. 孩子被逼进了游戏世界。因为在现实世界里他无法操控，也无法获得快乐和成就感。在现实世界里，他只是一个空有躯壳的傀儡，而在游戏世界里，他是自己和世界的主人。

2. 游戏成了孩子跟父母权力斗争的工具。父母管得越多，孩子的反抗就越多。我们简要量化一下这件事情：本来孩子也许玩半个小时就玩腻了，就可能干点别的事情，但是父母的控制让他很不舒服，就要通过再玩半小时来缓解自己的不舒服。

3. 禁忌制造诱惑，对游戏的禁忌增加了游戏的诱惑力。

4. 人人都有受虐的倾向，孩子玩游戏遭到的惩罚，会激活他的受虐需要，并且，随着惩罚的升级，他的受虐瘾也会升级。

● 注意力不集中。

可能是：

1. 孩子注意力集中在某一件事情上的时候，父母觉得自己被抛弃了。所以，父母有意无意地破坏了孩子集中注意力的能力。换句话说，相对于孩子要注意的事情，父母是一个更大、更重要的存在。

有一次一位妈妈问：我上初中的孩子注意力不能集中，我能够为他做什么，让他注意力集中呢？我想了一下问她：你如果想集中注意力，你觉得别人能够为你做什么呢？她回答说：别人什么也不要做，让我一个人待着就可以了。我又问：孩子注意力不集中的时候你在干什么呢？她说：我在他旁边，要他不要乱想乱动，注意力要集中在学习上。

2. 孩子同时可以注意很多事情的能力，被误认为是注意力分散。比如，有很多孩子能够做作业、听歌两不误，但这被认为学习态度不严肃。有个孩子曾经问父母：你们不让我学习时听歌，对吧？父母说：是的。孩子接着问：那我听歌的时候学习，可不可以呢？父母想都不想就说：当然可以。

其实我们经常可以专注地做几件事情，比如一边抽烟一边写文章，一边开车一边听广播。经验告诉我们：同时做几件事情，注意力也许更加集中，那种全身心投入的集中。所以孩子不是注意力不集中，只是没有按照父母希望的那种方式集中注意力。

3. 注意力集中就几乎能够做好任何事情，但这种成功也会让父母有种被抛弃感：觉得自己没用了，孩子要去远方寻找成功了。

● 挑食。

孩子们说过一句好玩的话：为什么大人们不挑食？——因为他们做的都是他们喜欢吃的。这是个玩笑，不必当真。

孩子挑食可能是因为：

1. 被暗示出来的。我见过好多这样的情形。一个外面的阿姨或叔叔对孩子说，你吃点这个鸡肉（随便举例）吧，孩子自己还没反应，爷爷奶奶、爸爸妈妈当中某一个人就代替孩子说，他不吃这个。估计原因是孩子曾经某次拒绝吃鸡肉，这就被误解成永远不吃鸡肉。这个误解一旦固化，孩子要想吃鸡肉都觉得会"对不起"家人对自己的判定。

这要总结成一个原则：永远不要僵化地评判孩子，或者把孩子评论得僵化了。比如，不要说"我的孩子不爱说话、不爱运动、只喜欢看书、不喜欢吃青菜等"。

2．权力斗争的结果：你要我吃，我偏不吃，你不要我吃，我偏要吃。有些家庭中，吃的问题已经严重到不只是挑食的问题，而是吃不吃的问题了。孩子完全不好好吃饭，吃饭的时候家里就弥散着恐怖气氛，孩子的纯生理需要硬是被弄成了家庭战争的导火索。

3．父母需要用孩子挑食这个问题来满足攻击孩子的需要。因为父母自己小时候就是这样被攻击的，或者餐桌上融洽的气氛会让父母觉得"福兮祸所伏"，不如干脆人为制造点祸，免得莫名其妙地祸从天降。

学习那些事儿

关于学习，有两件根本的事情：谁在学习，学习什么。

● 谁在学习。

当然是孩子在学习。但是，实际情况可能不一样，也许学习变成了父母的事情，孩子被"排挤"在学习之外，后果很常见——孩子学得不好，甚至厌学或者辍学。这是有人代替孩子在学习。

出现以下情况时，父母如果做自我觉察，就会发现自己正在替代孩子学习：

1.在与孩子学习有关的事情上，父母过度焦虑，或者说比孩子还焦虑；在孩子做错题后，父母比他还挫败；孩子考试成绩不好，父母比他还伤心；孩子学习成绩不如其他同学，父母比他还痛苦；等等。

2．父母为孩子的学习主动做了太多的事情。自然的情况应该是孩子有些与学习有关的愿望，父母帮他实现，但变成了父母对他有很多愿望，他必须放弃自己的主见，实现父母的愿望，导致孩子在学习上变得越来越被动。

3．父母花太多的时间陪孩子写作业。太多的判断依据是父母越来越不耐烦，孩子也越来越注意力不集中，双方的冲突越来越大。

写这些话的时候我看到一则新闻：今年年初，一位妈妈殴打做作业不认真的未成年儿子，导致儿子因蛛网膜下腔出血而死亡。这是非常极端的例子。普遍的例子是父母对孩子学习的过度干预，导致了孩子学习欲望的死亡。生活中很多人的这个欲望，是在成年之后很多年——比如30多岁才复活的，而有的人的这个欲望，可能一辈子都不会复活。

4．父母为孩子的学习牺牲太多，比如放弃事业，没有时间娱乐和交友。父母的牺牲使自己可以理直气壮地抱怨孩子，这抱怨里包含着一种"交易"：孩子必须服从父母并赞美其伟大。

这里又有一个因果倒置。意识层面是因为牺牲太多，所以抱怨；潜意识层面却是为了抱怨，所以牺牲（过度付出）。抱怨是因为父母看不见自己婴儿般被照顾的愿望，而且还有可能是把对自己父母的抱怨转移到了孩子身上，这叫"把孩子父母化"，也是很常见的一种现象。

针对以上情况的建议是：跟孩子的学习保持距离，尤其是在孩子学习上已经出问题的时候，不主张由父母"亲自"解决这个问题，而应该由心理咨询师或其他专业课的老师来解决，所谓"解铃还须系铃人"。我们鼓励父母自私一点，把自己当成跟孩子一样有价值的独立存在，有权利享受自己的人生和充分成为自己，这样就自动离开了可以抱怨的"道德制高点"。

● 学习什么。

狭义的学习是学习教科书里那些东西，为了应付考试，这样的学习苦了很多孩子。广义的学习是学习任何东西，尤其是学习如何跟人打交道。在象征层面，教科书的狭小范围像一个牢笼，把孩子关在里面，父母就不会有被抛弃的焦虑了。教科书外的知识像大海一样辽阔，会激活父母觉得孩子将一去不复返的焦虑。

我个人认为，读小说是除了游戏之外最重要，也是最有效的心智成长的途径。但遗憾的是，很多人都有中学时被父母禁止读小说的经历。

有人说学好教科书知识是为了考一个好的大学，这个愿望没有问题。但很多父母在现实中会把课外的学习看成学习课本知识的阻碍。其实它们不仅不矛盾，反而会互相促进。

比如一个阅读广泛的人，写作文自然没什么大问题；对科学史比较了解的人，数理化那些内容就会变得非常有趣，也可能会学得好一些。我们见过课内、课外甚至天上地下的知识都很全面的孩子，其实每个孩子都有这样的潜力，关键是父母愿不愿意孩子变成这样。

为人父母需要有战略家的眼光。竞争到最后，是全部知识的竞争，以及人格层面的竞争。

当然，一味地把人生看成竞争的战场，是一个更大的误区，它会剥夺一个人享受生活的能力。那些年纪轻轻就很佛系的人，估计是在反抗"不输在起跑线上"之类的恶性竞争意识。

孩子在跟父母的关系中，学习如何跟人打交道的最基本的知识，包括三个主要方面：

1. 确认自我边界，并能够感知到他人的自我边界在哪里。如果父母以学习之名不断侵犯孩子的边界，父母想的是反正我这样是为了你好，就会变得"肆无忌惮"，孩子的意识层面也认为这是父母对我好，便丧失了反抗的力量，代价就是自我边界变得破碎不堪。一个自我边界不完整的人，可以想象他怎么可以"储存"和应用知识。

2. 共情的能力。对于一个人的基本需要，比如自己做主的需要、游戏的需要和被尊重的需要，如果父母与孩子产生共情，孩子也自然知道他人也有这样的需要。没有和父母产生共情的孩子，长大以后要么会强迫性重复地吸引他人攻击自己，要么因为回避人际冲突而变得自我封闭。

3. 如何解决问题。当然是用智力解决问题。但是，当孩子在学习上不能满足父母要求的时候，父母可能会有很多情绪，显得好像很生气，觉得大吼几声就可以解决问题似的。孩子学到了这一招，以后就会对父母、他人以及所有事情都用这一招。我们知道，情绪会使问题变得更大、更麻烦，所以父母需要学习用智力而不是用情绪解决问题，这样才能成为孩子可以模仿的好榜样。

想象一幅画面：一道数学难题摆在你的孩子面前，他像一个武林高手面对强敌一样，没有慌乱，也没有恐惧，有的是一种可以压倒一切的磅礴气势，然后运笔如剑，难题应声"灰飞烟灭"，这像极了大败曹操的周公瑾。

如果你的孩子是这样的，那么恭喜你，因为孩子都是跟你学的。

如何处理同胞竞争

　　我经常听到父母说，某个孩子小时候如何如何倒霉，总是被别人欺负等这样的事情。因为在父母的潜意识里，如果孩子这么倒霉的话，他就需要待在那个地方，把自己搞好之后再继续上路。父母的这种潜意识有可能来自他们把自己的弱小投射给了孩子，自己就只有强大，孩子就只有弱小，这样就能够维持这种照顾和被照顾的关系。

　　夸大自己给孩子造成的创伤，也可能是一个自恋的表现。因为我们伤害他人的能力越强，就表示我们越有资格自恋。因为在对孩子的某些事情过度内疚的妈妈身上，我们也可以看到这种内疚是她为更加严厉地控制孩子所做的舆论准备，意思就是我既然以前对你做错了，那么我以后就需要进行更多的弥补。

现在有的家庭中会有两个小孩，那么会存在同胞竞争的现象吗？

首先，肯定会有同胞竞争，只要是两个以上的人在一起，就会有竞争。这个竞争有非常积极的意义，它可以使身处其中的人的攻击性变为向外。大家都已经知道，攻击性向内是一件多么可怕的事情。

其次，父母要做的，是避免同胞之间的恶性竞争。如果父母害怕被孩子们抛弃，那么孩子们之间的恶性竞争显然对父母有利。所以，害怕被孩子抛弃的父母可能会不断暗示孩子们，你们之间存在"仇恨"。

这样说来，要让孩子们不恶性竞争也很简单，就是在他们冲突的时候永远相信他们只是在逗着玩，而不是在拼命。

如果父母觉得其中一个孩子被另一个欺负了，那就是把大人对这个关系的判断投射到了两个孩子之间，两个孩子在感受他们之间互相闹着玩的那些事情的时候，不会感受到那是欺负和被欺负。但如果父母内心有挑拨他们关系的潜意识冲动的话，他们就会赋予孩子之间正常的冲突性的关系——就是有点闹着玩儿的关系——以敌意的色彩。这也是父母在多子女的情况下的一个阴谋，因为如果两个孩子互相之间没有太多的敌意，他们关系很和谐的话，有分离创伤的父母也会觉得自己被抛弃了，所以最好是给他们之间制造一点麻烦。有很多兄弟姐妹在成年之后都互相有敌意，我们认为这多半是认同了父亲或是母亲希望自己冲突的结果。

吃还是不吃：权力斗争的战场

在中国家庭里面，吃还是不吃变成了父母跟孩子权力斗争的焦点。按照专家说的营养均衡来吃，当然听起来是没什么问题的，关键是我们在传递这种理念的时候，后面的内功是什么？这个内功指的是潜意识的动机。如果我们潜意识里面是希望通过让孩子吃什么、不吃什么来满足帝王般的控制感的话，孩子一定能够感觉得到的，所以他们要获得自己独立人格的做法就是拒绝。

当父母心里没有这种通过权力来控制孩子的时候，大家一起吃什么、不吃什么，就成了一件好玩的事情。吃或者不吃就不再有丧失主权的担心，那么孩子顺从父母也不是一件太难的事情。所以，从孩子对父母要他干什么的反应就知道，父母是不是对他过于强势了。

　　展开来说，有些孩子偏食，也是在跟父母亲的关系中出现了问题，因为他采取偏食的这种态度本身就是要坚守自我，他为什么要坚守自我呢？就是因为在跟父母的关系中自我的独立性被撼动。

　　父母对孩子的健康安全有一定程度的担忧完全是正常的，没有必要做特殊的处理。但是如果这种担忧过度了，让父母跟孩子的权力斗争升级，让父母限制孩子的活动范围，那就需要做一个动力学解释。在潜意识层面，父母真正担心的是孩子的独立，孩子独立之后就把自己抛弃。孩子独立的那个部分是父母失控的那个部分，父母担心的正是如此。

　　另外一个动力学解释，就是当父母内心里有伤害孩子的愿望的时候，这个伤害在超我的打压之下，就会扭曲变成对孩子的健康和安全的过度担忧。我们以前经常说"过度的担忧就是诅咒"，就是这个意思。

04

你不知道的
情绪密码

抑郁：愤怒转向自身

　　抑郁与"抑郁症"不同。抑郁症是精神科的一个症状学诊断，是给一组相同的临床表现取了一个简单的名字，它不是病因学诊断，所以不是科学诊断。所有带"症"这个字的诊断，都不是病因学或科学诊断。这里是想提醒大家，不必太把"抑郁症"这个诊断当真，太当真会变成对自己的恶性暗示，不利于从这个状态中走出来。理解它，比给它取个名字更重要。

　　我们谈的抑郁，比抑郁症的范围更广。它包含抑郁症，也包含不在抑郁症范围里的抑郁情绪。

　　抑郁是因为愤怒转向自身。

　　你对他人有愤怒，但你无法向这个人直接表达愤怒，因为你担心表达了之后会遭到报复，或者他会离你而去，所以这个愤怒转移方向，变成攻击你自己。

对创伤的研究表明，创伤性事件的目击者比遭受创伤的人可能心理创伤更严重。比如一个女孩童年时经常看到父亲打哥哥，她遭受的心理创伤可能比哥哥还严重。为什么呢？因为挨打的哥哥内心的攻击性还可以指向施暴的父亲，他也许不会抑郁，而这个小女孩的攻击性却无法直接指向父亲——因为她自己没挨打，她会因为自己是幸运者而自责。长久的影响可能是，她以后会回避所有让自己"幸运"的事情，当然包括回避快乐的情绪。

打个比方，抑郁者有着某种"荒唐的小气"，就好像他买了一把漂亮的匕首，都"舍不得"捅别人，只捅自己。

心理咨询师的任务就是营造一个安全的关系，使抑郁者觉得象征性（如用语言）向外释放攻击性是没有问题的。

任何情感都包含两个部分：感受和认知。抑郁是一种难过的感受，加上这样一个认知——糟糕的事情已经发生。

"糟糕的事情已经发生"这句话意味着此时你碰到的事件，貌似是你抑郁的原因，但其实不是，它只是诱因；真正的原因是早年某种没有被充分哀悼的丧失性创伤，因为这个诱因被激活，使你滑入过去的哀伤之中。理解这个，对治疗抑郁有决定性的作用，心理咨询师的任务就是不断诱导出抑郁者缺损的认知。一旦被压抑的认知部分被释放出来，抑郁就会缓解甚至消失。我们这里说的是一般情况，多快好转和好转到什么程度很不确定，因人而异。

　　抑郁跟自恋密切相关。抑郁的人有一个被严厉的超我打压的弱小的自我，为了缓解无助感，他会"冒充"强大。在"冒充"的情形下，有时候也能搞定一些事情，那就不会抑郁；另外一些时候却搞不定，"冒充"被戳破，就会抑郁。

　　抑郁者还可能自恋性地在潜意识幻想层面夸大自己的攻击性，认为自己一出手就会毁灭世界，所以他需要极度地约束自己。从这个逻辑上来说，他的克制是为世界平安做出了巨大贡献的。

　　抑郁者一旦攻击，就会很有爆发力，这是因为力量被憋得太久了。如果这个爆发力是针对自己的，就会导致灾难性的后果——自伤或自杀。

　　抑郁者潜意识层面还可能赋予抑郁以深刻的、高贵的内涵，同时认为快乐是肤浅的、廉价的，所以抑郁可以带来优越感。当他在别人身上看到自己被压抑的快乐时，表现出来的可能是不屑。

　　有人可能会问自大和自豪有什么关系，这有点玩文字游戏了，我认为，自豪处在"自卑—自大"两个端点形成的连续谱上的某一点。自卑和自大都是自恋的表现形式，所以它们互为表里或者说异体同质。当一个人表现出自大的时候，那是在掩饰自卑；同理，当一个人表现为自卑的时候，那是在掩饰自大。我曾经给自卑做过一个描述性命名——战略欺骗性自卑。

说自己自卑的人，可以仔细体会一下这个词的内涵。

抑郁者严厉的超我是怎么来的呢？来自早年亲缘关系中丧失的重要人物，比如父母某一方去世，或者重要的养育者去世。当然这种丧失也包括父母某一方长期缺席，以及幻想层面的父母缺席，比如弟弟妹妹出生之后，"我"就被抛弃了。孩子会认为，那些重要的人不在，是因为我不好，这个看法会内化成严厉的超我，不断指责自己。

抑郁是对躁狂的掩饰。现在精神科已经不再诊断单一抑郁或单一躁狂，而是全部诊断为双向情感障碍，这是因为我们现在对这个问题看得更深了。当我们看到抑郁的时候，就看到了它后面的躁狂。抑郁有点像你眼前沉寂的火山，你如果能穿越时空，同时也看到它当年喷发的样子，就理解了抑郁和躁狂的关系。

相信很多人都有这样的体验：喝酒作乐之后，伴随的就是抑郁，这里抑郁的功能是"否认"曾经的躁狂，甚至是"对冲动的惩罚"。心理治疗的目标，就是让二者互相稀释一下。

抑郁者在某种程度上达到了"天人合一"的境界，他跟环境和他人的关系变得边界不清。他心理上的"房子"的墙（自我保护能力）被破坏了，使得风能进，雨也能进。可以想象，这是一种非常难受的情况。但是，也有一个所谓的好处，就是对周围环境的敏感，这对艺术创造有些好处。现在我们知道为什么很多艺术家是具有抑郁气质的。

抑郁还可能对人际关系是控制性的。意思是我都抑郁了，你要"爱我"或者"在我身边"。这也算是自我功能的外包——我无力把自己从抑郁中解救出来，你要帮我。

抑郁也可能被功利化地利用。"为赋新诗强说愁"，说着说着就真的"愁"了。所以，抑郁是很多文化产品诞生的催化剂。这属于抑郁的继发性获益。所有的心理问题都有继发性获益。但是，处理继发性获益需要很小心谨慎，否则会导致对方面子受损或者关系破裂。

所谓隐匿型抑郁症，值得特别提一提。这类患者无明显抑郁情绪，却有以头疼或其他身体部位疼痛为主要表现的症状，医学检查查不出任何问题。但对他们使用药物抗抑郁治疗或者心理治疗，效果显著。

如果只说一个对抑郁者的建议，那就是找人玩、找事做，把注意力从自己身上转移到外界。经过自己的各种努力，情况还没有改善，那就要寻求专业帮助了。据研究显示，抑郁症的药物治疗和心理治疗效果基本相同，二选一或者二选二都可以，当然这需要听从专业人员的建议。

如果你问，怎么对待身边患抑郁症的亲友？回答是当你尽力为他做了一些事情，他还没好转的时候，你唯一能做的事情，就是鼓励他找医生。

焦虑：任何不确定性都是威胁

焦虑是一种不愉快的情感体验，加上一个认知——糟糕的事情即将发生。所以，焦虑有时也叫作预期焦虑。

这个预期如果是现实的，没有夸大也没有缩小，那么相应的焦虑的程度也会在可忍受的范围内。从结果来说，这样的焦虑使人处在更加警觉的状态，有利于激活和维持解决问题的能力。

这种现实焦虑，是一个人还活着的证据。

如果预期的"糟糕的事情"被夸大，焦虑就会增大，当增大到不可忍受的程度，解决现实问题的能力受损时，就是病理性的了。这需要药物治疗和心理治疗。

"被夸大"是指潜意识层面赋予这件事以特殊的意义。比如，当一个人赋予高考"抛弃父母"的意义时，焦虑值增加，影响到答题能力，导致高考失败。这就是常见的考试焦虑症。

如果你问焦虑的考生，你怕什么？他会说怕考砸了。这是他真实的害怕，但也是他表面的想法，在他内心深处制造了他过度焦虑的症状的是，"怕考得太好了"，因为考得越好，就越能"抛弃父母"。我知道这个说法听起来很荒谬，但我也知道它在潜意识层面是真实存在的。

考试焦虑症是典型的俄狄浦斯冲突（通俗的翻译叫"恋母情结"）的表现。号称十全十美的悲剧《俄狄浦斯王》里，"弑父娶母"的俄狄浦斯受到了严厉的惩罚，这就是"成功"的代价。

人的一生也像是一场考试，表面上看，大家都怕过得不好，往深处看，很多人都怕过得太好，所以"故意"过得不好。

为避免考试焦虑，一位德国精神分析师给中国学校的建议是：避免考试密度太高，制造轻松的考试氛围，明确考试范围和安排一次师生考前谈话。从考生的角度看，由于考试焦虑是人格层面冲突投射到一个具体事件上的结果，改变人格又是一件旷日持久的事情，所以，临近考试前的处理措施不是精神分析，而是对症治疗。比如做放松训练，直到能够迅速做到放松为止。

还有一些焦虑的形式：

● 超我焦虑。由于无法达到自己内心道德标准的要求而产生焦虑，这样的人无法坦然享受感官快乐，如美食、美景；不能享受好的人际关系带来的乐趣和滋养；无法放松自己，休假都必须带着的一些书就是证明；他们需要不断地奉献，才能缓解超我打压下产生的内疚感；等等。

• 阉割焦虑。本义是身上的某个突出物可能被切掉，延伸的意思是某种能力被削弱或者被去除。比如长辈告诫孩子，只有亲人才会对你好，别人只会利用你、陷害你，这就是在试图阉割孩子的社交能力。那些出众的人属于人群中的"突出物"，他们自己可能有阉割焦虑，众人对他们也可能有阉割冲动。

俗语说"出头的椽子先烂""木秀于林，风必摧之"等，说的就是阉割焦虑。

• 分离焦虑。人的成长过程，就是由一系列分离组成的。有分离焦虑的人，成长会变得缓慢或停滞。

有较强分离焦虑的人，可能有这种表现：拒绝友谊、聚会。他们的内心独白是没有开始，就不会有难以忍受的结束。

• 拖延。把跟某件事情的关系的结束看成跟人的关系的结束，害怕这个结束会激活分离创伤。

反复主动地终止友谊或亲密关系，避免被抛弃的被动感。

• 被害焦虑。我们可能把敌意投射到跟我们不一样的人身上，然后再认为他们对我们有敌意，会做出不利于我们的事情。"非我族类，其心必异"，说的就是这个意思。个人的被害焦虑会导致自己与他人格格不入，持续的焦虑还会导致各种身心疾病。团体之间的被害焦虑会导致社会分裂，文化冲突甚至引发国与国之间的争端。刘慈欣在他的小说《三体》里把这个焦虑放在了宇宙尺度上，并且把其程度推到了极致。

• 解体焦虑。人群中有相当一部分人患有疑病症，他们担心某种未被检测出来的疾病会导致自己毁灭。这是一种自我破碎感或者被他人吞噬感，源于早年关系中自我的边界被反复突破。它离死亡还有一步之遥，可以被理解成"活着时的死亡"，比真正的死亡似乎更可怕。

• 存在性焦虑。理想的自我打压现实的自我，形成了存在焦虑。理想的自我除了前面说到的道德标准外，还有外表、人格、才能、财富、受喜爱程度等涵盖一切的标准。几乎没有人能够达到自己理想的境界，所以每个人都会有不同程度的存在性焦虑。

焦虑是对不确定性的反映。婴儿完全需要他人照顾，任何不确定性都会是严重威胁。成人由于可以自己照顾自己，对环境的要求就不那么高了，或者说能够忍受某种不确定性。如果成人仍然要求很高的确定性，如果达不到要求，就会产生焦虑，对环境还部分保留着婴儿般的需要。焦虑是可以相互传递的。父母的焦虑会传递给孩子，我的焦虑可能会传递给你。

人与人的关系最重要的问题，就是谁替谁承受和消化焦虑。父母替孩子承受和消化焦虑，那就是合格的父母。而遗憾的是，在现实中，经常是孩子替父母承受和消化焦虑。想象这样一幅画面：孩子有时候"装出来"学习的样子，其实是在扮演心理医生"治疗"父母的焦虑。

如果说谣言止于智者，那么焦虑止于思考。意思是要焦虑这种情感的认知部分浮出水面。很多"情感问题专家"在处理问题时也是不自觉地采用"加强认知"的方式。他们这样做经常是有效的，但他们并不知道为什么有效。

恐惧：请不要恐惧你的恐惧

　　抑郁、焦虑和恐惧，是人类三大基本负性情感体验。恐惧是一种不愉快的感受，加上一个认知——糟糕的事情正在发生。它还可以被理解为身处危险情况下的无助感。有"援兵"的时候是不会恐惧的，这就叫有恃无恐。下面我们说一说常见的恐惧和相应的心理动力学（精神分析）解释。

　　● 权威恐惧。

　　有以下原因：

　　1. 你把强大投射给了你认为的所谓权威，把弱小留给了自己。其实，权威并没有你投射的那么强大。

　　2. 还是投射：你把攻击权威的冲动投射到了权威身上，所以你感觉到的是权威要攻击你。

3. 从恐惧的起源来说，你可能是把早年对父母或其他人的恐惧转移到了权威身上。你所恐惧的权威可能对你的恐惧感到莫名其妙：我又没对你做什么，你怕我干啥？

4. 你用恐惧"保护"权威。当年那个让你恐惧的人，可能他自己内心是恐惧的，外强中干。你感觉到了他内在的弱小，你就代替他恐惧以表示你爱他。这个"保护"现在转移到了权威身上。

5. 隐性权威恐惧。你感受不到恐惧，你用专门攻击权威来掩盖自己的恐惧。

• 异性恐惧。

1. 你把跟异性的普通接触赋予性的意义，所以你恐惧。你恐惧的不是异性，而是你的欲望。

2. 你的低价值感，跟眼前这个优秀的异性形成反差，使你觉得自己不配。其实有可能对方也觉得配不上你。互相暗恋很多年，后来聚会才互相表白，就是这种情形。低价值感更多与人格层面的自我攻击有关，而与现实成就无关。有一无所有而自信的人，也有功成名就还自卑的人。

3. 你投射性地认为，他人会嘲笑你对异性的兴趣。其实是自己嘲笑自己。

4. 恐惧是喜爱的反向形成。你早年在喜爱他人（养育者）时没有得到恰当回应，所以喜爱本身成了创伤的扳机点。

5. 你曾经被禁止跟异性接触，这些禁止变成了你的超我的一部分，而且你的潜意识并不知道，这些禁止已经被解除了。

6. 由于对异性的不了解，你可能把异性投射成某种"非人类"甚至"超人类"的生物，这诱发了你的恐惧。比如段子里老和尚吓唬小和尚，说"女人是老虎"。

● 社交恐惧。

1. 你赋予社交以背叛父母的意义，意思是跟别人在一起就不跟父母在一起了，由此导致的内疚感转变为恐惧。内疚也许是这个世界上最可怕的惩罚，它如影随形，使你无处躲藏。

背叛父母这话说过很多次了，这里需要再解释一下：孩子在任何方面的成长，都有背叛父母、让父母无事可做的"效果"。比如，孩子自己会洗衣做饭了，独自在家和学校之间往返，有了父母不认识的朋友，甚至赚到自己的第一笔钱等，都有"抛弃父母"的意味。如何使孩子不觉得自己的成长是背叛父母？英国精神分析师温尼科特的建议是：在孩子"抛弃父母"之前，抢先"抛弃孩子"。当然，也不能太抢先。

不少父母以学习的名义，限定甚至禁止自己的孩子跟别人玩，这就埋下了孩子社交障碍的隐患。对孩子来说，社交应该是最重要的学习。

2. 人活着最大的幸福，来自享受有滋养的人际关系。这种关系带来的幸福感，有可能突破了你潜意识里设置的幸福感的上限。随后超我被激活，自我打压启动，使你用恐惧来回避社交行为。禁欲主义者表面上是禁止感官享乐，本质上却是禁止人际关系带来的愉悦感，因为吃什么并不重要，重要的是跟谁吃。

3．你赋予孤独以某种优越感，孤独带给你的痛苦体验，可以缓解你不易被觉察的内疚感。同时你鄙视在社交中如鱼得水的人，认为他们轻佻肤浅，浪费光阴。

4．跟他人的关系，是照见自己内心的镜子，你害怕从别人对你的态度和言行中看见真实的自己。

5．恐惧并拒绝社交的人是孤独的。但世界上并没有真正的孤独，孤独是仍然跟早年的养育者在一起。社交会打扰跟他们在一起的感觉，这个感觉可能是创伤性的，因为创伤才会制造发展的停滞，才会使你留在那个关系中，并幻想着疗愈它。结果却是因为没有新的关系的经验，你并不会被疗愈。

• 演讲恐惧。

1．你潜意识认为当众说话等于当众吃东西（甚至是吃奶），都是嘴巴和舌头的运动，这激活了你的羞愧感。

2．你赋予你的语言以攻击甚至毁灭听众的力量，并且会遭到听众对等的报复。有一个人是这样消除了自己的演讲恐惧的：他反复告诉自己，演讲只不过是告诉别人自己的想法而已，别人怎么反应跟我无关。这样的"告诉"，就是在消除赋予语言的攻击性。

3．你的潜意识夸大了演讲可能给你带来的成功或声誉，然后你被吓着了。

4．你不能觉察到自己一直在寻求周围人的高度关注，所以当你走向讲台，看到自己"梦想成真"的时候，也同时看到了自己对他人的需要。这个需要使你瞬间变得弱小和恐惧。

5. 你一直做着别人的语言的"容器"，而不可以让别人做你的语言的"容器"。对于少量的说话，这种"不可以"的"数量"也较少，不会影响到你，但人数众多的时候，就变得影响你说话的功能了。

- 对某些特殊东西的恐惧。

也许你恐惧的不是这个东西本身，而是它的象征性意义。要发现这个象征性意义，可以做做自由联想，或者找心理咨询师聊聊。

- 作为继发性获益的恐惧。

所有的疾病，包括身体的和心理的疾病，除了带给当事人痛苦之外，还可以带来一些"好处"。比如，独处时怕黑的人就可以以此让他人陪伴自己。这被称为"人际控制型"恐惧。

说到恐惧，就要提到斯德哥尔摩综合征。当一个人处于极度恐惧中，就会退行到婴儿期，对恐吓者产生婴儿对母亲般的依恋和感激的情感，并可能主动帮助恐吓者逃脱法律的惩罚。黑社会老大就是利用这个原理使下属就范的。

在生活中，骗子也利用大家的恐惧骗取钱财。比如利用对疾病的恐惧，推销一些并无治疗价值的药物或食物。还有人对科技进步满怀敌意，因为他们的知识没有与时俱进，所以制造关于新科技的谣言，使更多的人陪着他们活在貌似更安全的"古老"时代。

人生而有免于恐惧的自由。当你恐惧的时候，请不要恐惧你的恐惧。这是丘吉尔对英国民众说的话，以鼓舞抗击法西斯入侵的勇气。直面恐惧，而不是逃避恐惧，是解决恐惧的最好办法。

恐惧的时候，尤其需要思考以下问题：我为什么恐惧，谁需要我恐惧，以及恐惧消失了会发生什么。有思考参与的恐惧，就已经不是原来的那个恐惧了。

冲突：我们总跟自己过不去

估计所有人都想知道心理疾病到底是怎么产生的。经过无数勇敢而智慧的人的努力，现在我们似乎有了答案。这些答案可以凝缩成两个心理疾病的发病模型：匮乏的模型和冲突的模型。

这两个模型的形成也有过很长时间的冲突，后来就像其他一些完全对立的理论一样，对立变为统一，意思是两者都对。比如，光到底是粒子还是波，最后的结论高中生们都知道：光具有波粒二相性，既是粒子，也是波。

这些事告诉我们：在冲突时别全力以赴，因为你和你的争论对手都有可能是对的。

匮乏模型的意思是万病源于早年缺少养育者的共情性回应。比如产后抑郁的母亲，缺乏对婴儿足够的回应，她沉浸在自己的世界中。缺乏母亲回应的婴儿，自恋会受损，各种能力会因为缺乏镜影和赞美而萎缩，成年之后的表现就是只能满足自己的基本需要，并且很难正常应对生活和工作中的各种事件。这一类人，需要的是支持性心理治疗。

冲突模型的意思是万病源于内心冲突，内心冲突是外在冲突内化的结果。比如父母经常在孩子面前吵架，这个冲突会变成孩子的"内心打架"，这一类人需要的是精神分析治疗。

简单地说，能力因为被压抑显得有点弱的人是匮乏型的；能力比较强但自己跟自己过不去的是冲突型的。临床上绝大多数人是匮乏加冲突的混合型。

按照心理发展阶段分类，有三个冲突：

1. 0～1岁，口腔期冲突，冲突的双方分别是依赖和成长。在成人身上的表现为：过度依赖他人，以及一些成长停滞的"证据"，像进食障碍、口腔对刺激物的依赖（烟、酒精等）、用语言对他人施虐等。

2. 1～4岁，排泄控制期的冲突，冲突双方分别是控制和被控制。在成人身上的表现是：各种强迫症、过度吝啬、不知变通、收藏癖、对权力成瘾等。

3. 4～6岁，俄狄浦斯冲突，冲突的双方分别是爱与恨、快乐与痛苦、成功与失败。成人身上的表现是爱也迟疑，恨也迟疑，我把它叫作"爽透不能型人格"，不知道自己要快乐还是痛苦，回避所有快乐的事情。不敢成功，甚至言行都在实现一个目的——"防成功于未然"，这都已经说过，就不啰唆了，否则会被认为口腔期发育停滞。

按照冲突内容分类：

1. 幼稚与成熟。

我们现在还保留着一些农耕社会的传统，大家的意识和潜意识里都认为，年纪大的人有更多的知识和经验，所以老人享有某些"特权"，这当然不是坐公交车免费之类的特权，而是心理上的某种预设"权力"，使他们对年轻人有某种优越感。这种优越感其实是对年纪大的人的恶性催眠。同时也是对年轻人的攻击，使年轻人总是为自己的"幼稚"感到羞愧。

最后的结果是大家都不在自己本来的位置上。年轻人向往变老，年纪大的向往更老，把对年轻人的嫉妒变成了对年轻人的攻击。所以，我们常常见到的情形是，某人犯了一个错误之后，一个也许仅仅大他几岁的人可能叹气说："此人还是太年轻了。"

对他人和自己不造成太大损失的"幼稚"是活力的表现，比世故通达更接近人的天然本质。成熟并不是我们想象的那样，没有内心的和跟外界的冲突，而是控制住那些冲突，以及能够用自己的成熟部分捍卫自己的"幼稚"部分继续"幼稚"。

似乎上一代对下一代有着本能的"敌意"，看看他们对下一代的称呼：颓废的一代、不负责任的一代等，显得把世界交给下一代很不放心，其实是自己这一代不想离去，就预设还被需要。

"少年老成"的成熟可能不是成熟，而是生命力的压制。

2. 传统与现代。

每个生活在现代社会的人，都享受着科技进步带来的好处。比如疫苗、抗生素的出现，避免了大规模的病死事件发生；生活条件产生翻天覆地的变化；等等。但是仍然有人厚古薄今，认为一切都是过去的好。

这是人格层面发育停滞向历史轴投射的结果，他们内心的"反进步"或"没进步"部分对应着历史上的落后阶段。

传统文化是我们的根，有知识的、美学的、情感的价值，而没有多少指导我们生活的价值。每一代人都有权决定自己应该怎么活着。

当然，一个成年人也有权决定自己的生活态度和方式。但是，隔离孩子和现代文明的关系，就几近反文明、反进步了。最高级别的对传统的尊敬，是比祖先更智慧、更文明和活得更自由幸福。

3. 疾病与健康。

精神分析的一个著名悖论是：一个人花钱、花时间来找你做分析，却千方百计不让你把他分析好。要健康的理由只有一个，就是健康本身，或者说有无数个，因为有健康就可能有一切，而要疾病的理由只有五个：

一是疾病带来的痛苦，可以缓解你的内疚感。这种内疚感有点像一个人的原罪，不妨称之为"原内疚"，它是在早年关系中形成的。

二是疾病本身是你满足本能欲望的一种象征性形式，你当然不会允许分析师"坏你的好事"，也不会让自己"坏自己的好事"。一位强迫症者说他每天睡觉前都要把从早到晚发生的所有事情的细节"捋一捋"才舒服，只有这样，他才能安心睡觉。

三是当你压抑自己的愿望时，瞬间可以获得内心的平衡和宁静，你随之对压抑上瘾。这个压抑是会泛化的，可能演变成对自己各种能力的压抑。然后你赋予这种宁静以某种神圣或者超越的意义。某些邪教就是用这种方式吸引信众的。

四是疾病会带来一些"好处"。前文已经说过，就不啰唆了。

五是你以旧的模式应对新的人际关系，改变意味着不熟悉和充满危险。

4. 工作与生活。

现实中各种事件，本来是可以"和平相处"的。它们之间如果发生难以协调的矛盾，很多情形下是一个人内心冲突向外投射的结果。比如男女的差异是一对矛盾，有人用这种差异制造幸福，有人则制造冲突。

工作和生活的关系也是一样。有人让工作占据了绝大部分时间，消耗了绝大部分精力，忽略了家人和亲情。这可能有三种原因：用工作自虐；回避亲情带来的幸福感，因为工作带来的幸福感更多，甚至超越了父母；让自己的孩子体验自己早年亲情的缺失。

5．人际冲突。

现实中的人际冲突是不可以避免的。在情理和法律范围内的冲突很正常，但有些人在冲突中会经常突破底线，不择手段。尤其是冲突导致的恶性躯体暴力，可能是反社会型人格障碍的表现。

无法把冲突控制在象征性的，也就是语言的层面，是前语言期即 2 岁以前的心理创伤导致的症状，被称为见诸行动。

频繁的人际冲突，可能是因为你无法升华攻击性，无法用被社会认可的方式获得比你的对手更多的财富、知识和荣誉；你无法亲近他人，你用攻击他人的方式表达亲密。

肆意表达攻击性等于当众情感"裸露"，这是婴儿行为的残留。一个真正的成年人自重身份，不屑于这样做。原因在于他把对早年成长环境的攻击，转移到了在此时此地的某些人身上。

安全感：回溯你的童年经历

安全感是每个人都能体验到的感受，是人最基本的需要。对安全感缺乏，我们从起源学和当下两个方面分别给出五个解释。起源学的解释是：现在安全感的下降，跟早年经历的关系，也就是跟人格特征有关。

• 早年关系中如果充满不确定因素，比如父母的情绪不稳定、他们之间的冲突、父母缺席等，这些都是人际环境的"地震""海啸"，孩子不可能感到安全。尤其糟糕的是，这些不安全感会渗透到人格层面，孩子即使长大之后在安全的环境中，仍然会感到不安全。童年经历在相当程度上等于命运。

有一个暂时不可能实现的幻想，就是每一对想要孩子的夫妻都事先签一份合同，包含以下三个条款：

1. 在孩子 12 岁之前，父母要确保至少某一方不中断地陪伴孩子，这包含不可以长时间让上一辈带孩子。

2. 父母任何一方都保证不在孩子面前情绪失控，也不在孩子面前激烈争吵。不失控、不争吵很难，不在孩子面前这样做，相对容易多了。

3. 父母分别保持完整的功能，各尽职责。就是通常意义上的妈妈该怎样、父亲该怎样。

写到这里我有点悲伤，因为我知道以上这些简单的条款也会有人做不到。

• 认同了父母的不安全感。父母对孩子的很多方面都有过度的担心。从效果上来说，过度的担心等于诅咒。表面上看，父母担心的是孩子出问题，潜意识担心的却是孩子不出问题之后的远走高飞，父母自己就被抛弃了。这就是"诅咒"的原因。孩子的安全感下降，父母就安全了。

• 对自己要求完美的父母，无法承受孩子的攻击，因为孩子的攻击意味着他们不完美，会激活他们觉察到自己的不完美之后而产生的羞耻感。孩子的攻击出不去，就会变为自我攻击，安全感也会下降。

还有，上一辈带大的孩子，攻击性也无法足够释放，因为上一辈的衰老状态会使孩子"攻击"之后内疚。有个说法：上一辈带大的孩子是吃素的，父母带大的孩子是吃荤的。这是象征性的说法，分别象征向外的攻击性的小和大。

• 父母跟孩子的边界不清，潜意识处于跟孩子的融合状态，所以意识层面就要故意保持跟孩子的距离。

具体的表现就是害怕表扬孩子，或者害怕对孩子表现出亲近，总是对孩子说"隔壁家的孩子"如何如何好。

当孩子总是觉得别人比自己强的时候，安全感就下降了。

在外面对人温和、友善，在家对孩子严肃、冷漠的人，潜意识也是跟孩子边界不清。

• 父母当着孩子的面恶意评价他人和社会，也会导致孩子的安全感下降。这是向父母对他人和社会的敌意的认同。你对他人有敌意，你不愿意觉察到自己这个敌意，就投射出去，觉得他人对自己有敌意。下面是对此时此刻你没有安全感的解释。

举一个简单的例子。在一个团体中，安全度应该是相对固定的，那为什么别人觉得很安全，你觉得不安全呢？因为你的敌意想制造团体的更多不安全。一个朋友告诉我，有一次他跟一个曾合作的机构发生冲突，那段时间他总想着这个机构的人会采取各种手段陷害他，晚上睡不着，怕有人破门而入，出差担心别人跟踪，吃东西觉得有毒等。

他的心理咨询师让他做这样的想象：你想对他们做什么不利的事情？想象半小时之后，那些不安全感几乎消失。

这背后的原理很简单：他把投射出去的敌意收回来了。当你害怕别人会害你的时候，你肆意想想对别人不利的事情，当然不要付诸行动，只是玩个让自己变得平静的心理游戏，否则就有法律方面的问题了。

对自己的敌意的觉察或者说对什么属于自己、什么是属于别人的觉察，是心理学最本质的东西，它关系到一个终极问题：我的边界在哪里？

还有一个关于边界的例子。一位年轻女性告诉我，她每次住酒店退房前收拾行李，都要比别人慢很多，总担心在房间里落下什么东西，而且不管怎么反复检查，经常还是会落下什么东西没带走。

我解释说：花更多的时间收拾行李，也许是你的潜意识分不清楚哪些东西是你的，哪些东西是酒店的。说不定你认为房间的浴缸是你的，你想拆了带走，而且，你可能也觉得酒店就是自己的家，你在家里落下几件东西，是没问题的。

如果你问：这样解释对她有作用吗？回答：暂时没有。因为确立自我边界在哪里实在太难了，需要很多很多这样的解释。

所以关于投射，要随时随地觉察，多解释几次或几十次。

我自己也经常搞不清楚哪些东西是自己的，哪些东西是自己投射给别人的，以及哪些东西就是别人的。

安全感与毁灭性幻想。有一位年轻男性告诉我，他不太敢上街，因为他怕别的男的打他，尤其是看到一群跟他年龄相仿的男性时，特别害怕。我说，你是不是见到男的就想揍他，看到一群男的就想揍他们，但你的现实感又知道打不赢那么多人？

这次干预效果很明显，一周之后，他明显觉得出门的安全感增加了，看到单个年轻男性甚至有一种"我不揍你算便宜了你"的居高临下的感觉，但对一群男性还是恐惧，只是比以前轻一些了。到这里只是解决了他的投射，他还存在对自己毁灭性力量的夸大这个问题。

我说：你不上街，也许政府应该给你颁发一个社会治安奖，因为你觉得自己破坏性极大，你一上街就会让很多人横尸街头。他听了哈哈大笑，看起来放松了一点。

一句话总结：潜意识夸大自己的毁灭性能力，会导致自己的安全感降低。自恋性地认为自己是全世界人民都要伤害的对象，也导致安全感降低。这些神经症性的被害观念，跟精神病性的被害妄想有着本质的不同。前者可以通过讲道理让来访者说明白，后者因为缺乏现实检验而永远说不明白，几乎只能靠药物治疗。

安全感与自恋。当你自恋地认为自己有控制周围环境的能力，你的现实检验能力打压你的这种自恋，这样的内心冲突也会使安全感降低。简单地说，以婴儿心态活在成人的世界里，怎么可能感觉到安全。

活在当下与安全感。活在当下意味着你对现实的感受和判断没有被过去"污染"，没有被幻想扭曲，也没有被同样是幻想出来的未来"恐吓"。作为一个成年人，你应该有能力应对常态下的一切。比如一个人在某机构待着不舒服想辞职，最大的不安全感不是来自辞职后所面临的现实问题，而是来自以下几个方面：

1. 你父母或祖父母当年如果辞职就会饿死（这部分是事实），你对此感到害怕。

2. 你觉得离开这个机构，就是跟父母决裂（老板父母化）。

3. 你觉得离开这个机构的自由，等于无限自由，包括堕落。

4. 机构内的制度，被你误解为法律，你离开等于违法。

你无法过一种没有指令的生活，因为那会让你觉得很不安。

集体潜意识的表现。人类在原始社会，处境是非常不安全的。随着人类"慢慢长大"，安全感越来越强。但有一部分人，不仅在今生今世退行到婴儿期，而且在进化的历程上退行到人类"小时候"，去感受那时人类的胆怯不安。

　　这是荣格所谓集体潜意识变成了个体的症状。解决这个问题的办法也许是读读人类科技史，尤其是医学史，看看到目前为止人类这个物种取得了哪些辉煌的成就。

分离焦虑：发展你的自我功能

　　如果我的孩子是一个有缺憾的人，那么这个缺憾恰好就是我跟他建立联结的一个接口。但是，如果我的孩子成长得如此之好，以至于没有什么缺憾，那么父母就在潜意识里感觉不到这个孩子还有一个跟自己联结的接口，这会让父母觉得非常焦虑。

　　我的一个朋友举过一个例子，我觉得挺有趣的，这个例子能够反映长辈们是如何害怕被抛弃的。我这个男性朋友有一个非常聪明的女儿，她在学校的学习成绩永远都是第一名，其他方面也发展得非常好。我这朋友在向他的父亲，也就是这个孩子的爷爷，报告他的女儿又考了全校第一名，或者是又获得了什么其他的奖的时候，几乎每一次爷爷的反应就是她的鼻炎犯了，你要带她去看一看。讨论的结果，就是这个爷爷在听到自己的孙女如此优秀、如此完美的时候，他有一种被抛弃感，或者说他有一种自己不知道该干吗的感觉，有一种自己一定要干一点什么的感觉。

这样爷爷才能跟孙女有一些联结，所以每一次听到孙女的好消息的时候，他都要通过挑孙女一个毛病来维持跟孙女的关系。还有一个原因，就是父母向孩子投射一个问题，然后又认同这个问题，这样就永远地保留了这个所谓的缺点。父母之所以这样做，是他们害怕融合，害怕跟孩子融为一体。

当孩子完美取得了一些成就的时候，如果父母采取一种赞美的态度的话，他们会觉得跟孩子融合了，这个会让他们的存在感大幅下降。所以，很多父母在孩子取得了成就之后，他们不是采取赞美的方式，而是采取一种挑毛病的方式以避免跟孩子融合。

这会让很多孩子觉得无趣，因为他们经常回家之后告诉爸爸妈妈，我又如何如何了，爸爸妈妈一脸冰霜，说你这个算什么？隔壁老王的孩子比你强多了！这都是因为父母害怕跟孩子融合。另外一种情况，就是当孩子倒霉的时候，这个时候父母可能会不害怕跟孩子融合，他们可能会全力以赴地帮助孩子，因为这个时候他们觉得自己是有用的，没有被抛弃。所以我们仔细地体会一下，当孩子倒霉的时候，有一些内心深处有强烈的分离焦虑的父母，他们是兴奋的。你可能无法相信，就是孩子倒霉的时候，父母可能是兴奋的，他们会明显地情绪高涨、言语、动作增多，等等。

　　我高度怀疑"我的爱"这个口头禅，这里面常包含一些条件，比如你要很乖。想象一下我们养宠物的感觉。这个宠物必须按照我们期望的样子来表现，如果不按照我们期望的来表现的话，我们可能就会对它不好，甚至会对它实施一些惩罚。而生活中确实有一些人在养宠物的时候还会殴打宠物。

　　养育孩子也是一样的，当父母没有把内心的很多东西梳理清楚的时候，可能在爱孩子的时候也会向他们投射"你必须以牺牲你的某些自我功能为代价来获得我的爱"。学习是一个非常具有标志性的东西，因为学习成绩好，就表示以后具有抛弃父母、远走高飞的能力。

　　但是在现实生活中，我们也会看到这样的情况。一个早年在学校里面学习成绩不好的女孩或者男孩，他们在社会上可以获得很大的成功，比如获得非常大的声誉，或者获得很多的金钱，等等。他已经通过早年学习成绩不好偿还了潜意识层面对父母所欠的债，这样他在成年之后就能够毫无内疚感地发挥他的自我功能，取得成就。

　　基督教有原罪的说法，意思是每个人来到这个世界上，一开始就欠上帝的。我们是不是也可以发明一个词，叫"第二原罪"，就是我们除了欠上帝之外，每个人在成长过程中都会欠父母的，特别是面对总是对我们做出牺牲的父母的时候。面对这样的原罪，我们也需要做一些赎罪的事情。其中最常见的事情，就是削弱我们某一部分的自我功能来偿还父母。

心身疾病：心身从来都是一体的

有人曾经质问我：心理就是心理，身体就是身体，你为什么总要把它们弄到一起呢？我回答道：这事儿真的不是我干的，它们从来都是一体的，只是以前我们智力不够，只能把它们分开来理解。现在我们好像智力增长了，终于可以把它们合在一起理解了。

心身疾病已经是一门单独的学科，很多医院都成立了独立的科室。在所有疾病的发生、发展和转归的过程中，心理因素都起着不同程度的作用。简单来说，心理因素在某些疾病的产生中起着非常重要的作用，这些疾病被称为心身疾病。

国际上公认的心身疾病的目录如下：

——肥胖症

——支气管性哮喘

——风疹

——胃溃疡

——偏头痛

——十二指肠溃疡

——胃炎和十二指肠炎

——高血压

——应激性结肠炎

——溃疡性结肠炎

——皮炎和湿疹

——肠易激综合征

——原发性张力亢进

——痛经

——张力减退

——消化性溃疡

——痉挛性斜颈

——牛皮癣

——多发性硬化

——其他类型的头痛

——背痛

——耳鸣

——昏厥和虚脱

——经前综合征

——原发性和继发性痛经

看了上述目录，估计患有以上疾病的人的总数在我们国家数以亿计。一个统计学研究显示，综合医院看门诊的病人中，有 70% 应该同时看心理医生。

下面我对以上目录中的一部分疾病，分别做出两个主要的精神分析解释。

• 肥胖症。

1. 为了拒绝某人（经常是父母某一方）靠你过近，你需要用脂肪隔开跟他的关系，这个过度靠近可能激活你的融合与乱伦焦虑。

2. 男性和女性的过度肥胖，都有去性化的意义，即掩盖自己的性别特征。这样做的目的是不使一些过近的关系具有性的色彩。对男性而言，横纹肌是性感的象征，脂肪使其性吸引力下降。对女性而言，虽然皮下脂肪增厚是女性特征之一，但过度增厚会减少性吸引力。当一个人对自己的性魅力感到恐惧的时候，变得肥胖会减少这种恐惧。

• 偏头痛。

1. 你对父母有强烈的攻击性无法释放，转而攻击自己的头部，"头"是小时候父母的象征。如果现实中确实不能对他们释放攻击性，不妨用用空椅技术：对着空椅子，想象他们坐在那里，对"他们"说你想说的话。

2. 你对使用智力有内疚感，或者你不愿意想明白一些事情的缘由，你用头疼避免思考。

• 高血压。

1. 你对外界的敌意无法释放，转而攻击自己，导致肾上腺素持续增高、小血管受损并硬化，最后血压增高。

2. 你需要爱和被爱，但这些需要让你觉得弱小和屈辱，所以你总是用愤怒表达跟他人的亲近，久而久之血管受损。愤怒是爱的不完整感知和表达。证据之一是很多人只对自己真正在意的人愤怒，而不屑于对陌生人愤怒。

• 皮炎和湿疹。

1. 这两种皮肤病导致皮肤表面凸出和液体渗出，破坏了皮肤的边界，是自我边界不清晰向皮肤这个身体边界投射的结果。

2. 皮肤病反映了患者对亲密关系的矛盾心理。皮肤病的外观会拒绝他人靠近，瘙痒症状又表示希望有人给自己抓一抓——这是对亲密的需要。

• 痛经。

痛经是真正的疼痛，这一点毋庸置疑。说它是由心理因素导致的，可能被误认为在否认疼痛本身。曾经还有人说我没资格谈这个话题，因为我没有体验过痛经。强调一下，痛经是由心理因素引起的疼痛，而不是一个人在"装痛"。引起痛经的心理原因可能是：

1. 你不认同自己的女性身份，也许是因为你认同了家族对你的身份的不满意；例假是在提醒你的女性身份，所以疼痛作为自我惩罚如影随形。

2. 你潜意识里认为，你的女性魅力对男性有太大诱惑力，会导致男性的失控和堕落，痛经是对女性魅力的压制。

这两点解释本身就是矛盾的，不认同和夸张的认同之间存在矛盾。这一矛盾可能引发心理上更深层的痛苦。

● 消化性溃疡。

1. 你用独立和坚强掩盖对他人的需要，当这个需要在心理上找不到突破口时，就找到了消化道。溃疡口在呼唤他人的关注和照顾，而且因为溃疡出血你躺在医院的病床上时，的确有人在照顾你。如果你在溃疡出现之前就能够表达并得到跟他人有滋养的关系，溃疡就不会出现。

2. 事情压得你不堪重负，但你因为缺乏对他人的信任，而把一切都放在自己肩上，而你的溃疡表示，它不同意你这样做。

如果你愿意"服软"，愿意增加对他人的信任，或许你的溃疡会好转。

● 牛皮癣（银屑病）。

1. 你有跟人亲近之意，但又满怀敌意。局部增厚是拒绝亲近，瘙痒是渴望亲近。

2. 你有潜在的被害妄想，银屑象征着披了一层银质铠甲，使你免受他人伤害（一本德语教科书里称其为"银甲坦克"）。

曾国藩是著名的牛皮癣患者，上面的解释很符合他。他满口仁义道德，这是跟人亲近的表现；但他又杀人如麻，这是对他人敌意的极端表达。他在官场上一生谨慎，这是在随时防止被他人迫害。

● 背痛。

1. 也许在你的早年经历中，最大的危险不是来自外人，而是来自亲人。他们本来是你的"靠山"，却带给你痛苦。背痛，是这段经历在身体上的记忆。

2. 你还没有形成强大的自我，没变成自己的精神支柱，你幻想可以依赖一个人，但又知道这并不真正可靠。背痛在提醒你，依靠他人是一件痛苦而危险的事情。

● 昏厥与虚脱。

1. 昏厥：你进入另外一个意识，以躲避恐惧和痛苦。比如，一个人听到巨大噩耗时晕了过去。

2. 虚脱：你用自己的失控和虚弱来保护你的对手。这样做本质上还是保护自己，因为你如果攻击了他，内疚会让你更加痛苦。

共情：面对现实问题的反应

当来访者面临非常大的现实问题时，对于自己内心的情感冲突，他没有办法调动自我功能，或者说调动自己的智力资源来处理这些问题。在这个阶段，精神分析的那一套面子、澄清、解释，都没有什么用。我们可以把这个阶段命名为智力或者是自我功能的休克期，患者需要的是更多的共情。

我们经常碰到这样的情况，在来访者因为现实的一些冲突性的事情来咨询的时候，咨询师有可能在共情不足的情况下，有那么一点点强制地让来访者做相关的反省。我个人认为这不是一个好的时机，我们需要等待。就像美国诗人朗费罗的一句诗说的那样："要学会劳作，学会等待。"如果换到精神分析治疗里面，就变成了我们需要学会分析，也需要学会共情。

　　因为精神分析师是不会代替来访者面对他的现实冲突的。我们管的是什么呢？我们管的是在现实冲突的情况下，人的内在怎么运作。所以我们关心的是现实之外的事情，是内心的事情。作为心理咨询师，明确这个界限非常重要。因为来访者仍是就功能方面的问题来咨询，总是会不知不觉地邀请咨询师进入他的现实生活，以帮助他处理那些他没有办法处理的事情。如果咨询师在来访者的这种投射下付诸行动的话，可能真的会出现两种情况：一种情况就是在跟他的关系中过多地讨论他在生活中该怎么做，这显然是一个陷阱。因为那些他不知道该如何去做的事情，其实是包含冲突的。他选择任何一个做法，都有可能卷入他内心的冲突中。

　　我举个例子，比如一位女性问咨询师，我到底该不该离婚？不管是建议她离还是建议她不离，都会成为她内心冲突的一部分，所以这不是咨询师应该做的事情。这种情况非常多见。

　　另外一种情况也有，但相对来说少一点，就是咨询师的建助行动，不是仅仅在咨询中跟来访者过多地讨论现实问题，而是变成了来访者现实的一部分。比如，来访者在生活中因为缺乏爱，咨询师就跟她发展现实的关系，给予她爱。这一方面是一个重大的专业上的失误，另一方面也是一个伦理上的错误，这是被我们这个行业的伦理规则所严令禁止的。

　　来访者在心理咨询室里寻求心理咨询师的帮助，我觉得这是一个非常好的情况，因为在这种情况下，她不是把自己封闭起来，一个人独自在那里抑郁，并且想着要自杀，而是把目光投向了外界，寻求他人的支持。

前文已经说过，心理咨询师的边界就是不代替你处理现实的事情，只是看看在这样的现实压力之下，你的人格是什么样的反应；你的人格如果能够做出一些相应的调整，就能够做出更恰当的反应，或者是对你自己更有利的反应。

当然，咨询师对来访者有足够的共情之后，两个人的关系就会变得更近一点，信任会增加一些。我觉得在某一个咨询师觉得恰当的时候，可以跟来访者这样说：你如果要我帮你处理一些你离婚时的法律纠纷，也许律师或者保镖比我更有用。这个想法是可以通过某种巧妙的方式说出来的。用假设的方式说，我觉得比直接建议她要更好一点，因为这样可以为她以后的个人成长打下一个基础。简单地说，如果我们跟来访者讨论可能性，让她有一种被提醒的感觉，比直接建议她这样做要好得多。

现代社会就是一个分工非常明确的社会，有问题找专家。我们是什么方面的专家？我们是关于一个人内心的活动的专家，而不是跟这个人讨论如何处理她的现实冲突的专家。但是从本质来说，当我们让一个人有了更和谐和强大的内心的时候，她处理现实的能力自然就会加强。

为了帮助大家理解，我随便说一个人，比如武则天这种人遇到问题，相对于她处理的其他更加复杂的公平和政治问题来说，她所遇到的问题基本是小事一桩。所以，我们在外界遇到的现实问题是大还是小，都是相对的。相对于什么？相对于我们的人格来说。当我们的人格足够强悍的时候，当我们的人格比较少地向内攻击的时候，我们面对一般人认为哪怕是很大的问题，都可能会应对自如。但是如果我们的人格本身就弱小，有很多的自我攻击，在微风之下都摇摇欲坠的时候，那么遇到狂风大雨，就可能会破碎一地。

所以，我们对来访者或者任何来访者所做的事情，是从根本上解决问题，解决的思路就是当我们强大的时候，外界那些东西有可能变得不算什么。

这让我想到很多年之前，我给德国资深精神分析师托马斯·弗兰克斯做翻译，有一次他说了这样一句话，我当时听着还是有点吃惊的，后来就觉得这句话说得真的非常有道理。他说有钱人实际上得了抑郁症之后，最好的办法不一定是去看心理医生，他可以购买一些让自己高兴的物品。有的人可能是购买衣服，有的人可能是购买房子，还有的人可能是购买飞机。我们都有这样的经验，我们在情绪有点低落的时候，如果能够满足一下购买欲，情绪会好转。

还有一个办法，他可以用钱去旅行，到自己没有去过的地方，或者是到自己童年时就幻想要去的地方，以这种精神的方式来满足自己，也可以使他的抑郁得到好转。当然，这里说的抑郁不是那种真的需要医疗手段来干预的顽固性抑郁。我说的就是一般的神经症级别的抑郁，相当一部分抑郁实际上是可以通过这种方式来治疗的。在他没有抑郁的时候，他的自我功能

168

充分地发挥作用之后，他能够有足够的金钱为未来抑郁的自己提供帮助。

相反的情况就叫人唏嘘不已了。有很多人在没有抑郁的时候，没有通过自我功能的发展来获得足够的金钱。在潜意识层面他们会说，得了抑郁之后才有可能寻求帮助的机会。所以这是一个陷阱，这个陷阱有一个巨大的时空的跨越。我现在做的事情实际上是为了使以后的我也受到惩罚，或者是使以后的我在面临糟糕产品的时候，没有购买帮助的可能性。我们会发现针对自己的套路实际上已经很深了。

一致性的反应，往往是共情的基础，但互补性的反应也是共情，只不过共情的是另外一面，互补性的反应，可能更多是共情到来访者的超我，一致性的反应可能更多是共情到来访者的自我，所以，来访者的超我、自我、本我几个方面都是需要我们共情的。本我怎么共情呢？本我是通过我们不断地诠释和不断地了解来访者的梦境等，体现我们对本我的共情。我们有个咨询师是荣格派的，经常来国内进行教学。他说过共情就像胶水一样，是把人和人粘连在一起，让人们互相接近和靠近，所以共情就有这种作用，尤其是对神经症性或者有较高功能的边缘人格，来访者共情就会让我们形成一致感、一致性。

如果来访者的目标不是健康这些具体的方面，而是一些人生哲学的问题，比如该不该结婚、该采取什么样的婚姻观、该采取什么样的性爱观、该采取什么样的育儿哲学，这些是咨询师和来访者要共同面对的，或者是咨询师曾经面对的，或者有些问题咨询师还没面对过。

　　比如来访者老了，将面对死亡，咨询师可能很年轻，还没面对过这种问题。换句话说，来访者所面临的问题，是他要从本来已经有七八十分的人格健康水平再往上提高几分，这种情况对于咨询师来说压力就蛮大的，这就考验咨询师人性哲学方面的东西了。

心理咨询和你
想象的不一样

如何成为一个心理咨询师

"心理咨询师"有两个含义。

第一个含义是在公众的理解上，泛指所有从事心理咨询、心理治疗的专业人员，包括各种心理流派的从业者。有一个叫法是"心理医生"，这个词是杜撰出来的，专业人员一般在专业领域里不使用这个词，当然，在科普领域使用这个词没问题。

严格来说，心理咨询和心理治疗是不一样的。心理咨询倾向于针对有轻微、短暂的心理问题的来访者，如情绪波动、人际关系冲突和职业选择困难等，使用的方法是教育、劝告或建议等，咨询次数从 1 次到 10 多次不等，极少超过 20 次。心理治疗针对的是有更严重问题的来访者，包括神经症、人格障碍和精神病，目的是解决产生问题的深层原因，有更严格的设置，咨询次数从几十次到几百次不等，甚至终生。

心理治疗有学派之分，也叫治疗取向。我个人的治疗取向是精神分析或者心理动力学。出于学术管理方面的原因，即相关学术组织还没有颁发相应资格证，所以我和同一取向的专业人员还不可以自称"精神分析师"。我从事心理治疗的唯一资格来自精神科医师证，似乎有这个证就自动拥有心理治疗资格。我们一起期待行业管理方面逐步完善。

"心理咨询师"的第二个含义，特指拿到了劳动部颁发的二级或一级"心理咨询师资格证"的人。也有三级证，但持证者没有独立从业的资格。以前发过一些一级资格证，但获得该证的人很少，全国可能不到100人。全国获得二级证的人约有110万，其中只有少数人在从事心理咨询工作。这个证最大的好处在于，拥有者可以直接从工商管理部门获得心理咨询方面的从业执照。但是，这个资格证已经被取消了。

该证被取消后，如何获得可以被工商管理部门认可的从业许可证，现在具体政策还不是太明朗。大家可以关注中国心理卫生协会和中国心理学会的官网，跟踪相关的信息。这里仅从纯专业角度谈谈如何成为一名心理咨询师。

• 个人方面。

人格基本健康，包含两个意思：一是基本自我功能完善，总体来说，活得还算不错；二是不能"太健康"，过去没有内心创伤、现在没有内心冲突、活得只有快乐的人，不适合做心理咨询师，因为他可能没有共情他人纯粹的心理痛苦的能力，粗暴一点的说法就是一个好的心理咨询师，一定要"有一点病"，但不能"病"得太厉害了。

我是精神分析取向的心理咨询师，所以我重点谈对精神分析师的要求。这一心理流派的心理咨询师最重要的要求是对潜意识敏感。过度依赖理性和逻辑推理的人，对潜意识是不敏感的，他们无法理解潜意识层面"反逻辑"的各种现象。

精神分析师需要有巨大的好奇心。他不是那种经历了无数事情之后心如止水的人，而是永远保持童心的猜谜者，"猜"造成来访者痛苦的经历中的创伤之谜、此刻潜意识的运行之谜。

精神分析师也是一个巨大的"容器"，能够容纳来访者各种不能忍受的情感，并通过自己的心理功能将其转换为可以忍受的情感，返还给来访者。精神分析师还需要具备精准、有渗透性的表达能力，用以干预来访者内心最深处的冲突。

· 专业知识和技能方面。

心理咨询师要做好终身学习的心理准备。我们面对的是人的心灵，对心灵的了解是永远没有尽头的。

在这个时代做一个好的心理咨询师，仅仅学一个流派是不够的，要接受至少两个流派以上的训练。开始的时候，"走路要走大路，不要走小路"。公认的"大路"是三大流派：精神分析、行为主义和人本主义。国内流行的认知行为治疗、系统家庭治疗、催眠等，我认为也是"大路"。国内很多咨询师都达成一个共识：精神分析不是万能的，但没有精神分析是万万不能的。

判断一个流派是否值得学有两个标准：一是大学里是否有这门课程；二是在西方发达国家，医疗保险是否为这个流派的治疗付费。当然，这不是绝对标准。

另外，丰富的人文知识也是成为一个好的心理咨询师的必要条件。

那么，学习心理学（包括读书）是否可以解决自己的问题呢？我将给出互相矛盾的说法。

1. 学习心理学可以解决自己的问题。很多学生来到我的课堂或者看我的书，都是在用学习代替治疗。可以肯定地说，一部分人的问题被基本解决了，从此过上了自己想要的生活。

2. 学习心理学不可以解决自己的问题。有证据证明，有人越学越自我封闭，越学越认知偏执，越学越情感扭曲。学习并没有增加他的新经验，反而在投射的作用下，加强了他有问题的那些部分。

现代社会，分工越来越细。有问题找专家，是一个现代人应该有的意识。就像你得了阑尾炎，你不必亲自给自己开刀一样，你有了点心理问题，不必自己亲自治疗。根据研究显示，一个心理创伤如果自然修复需要 2 年，通过心理治疗只需要 15 次（一次 50 分钟）。

咨询师和来访者的相互关系

心理治疗是一种非指导性的治疗，意味着我们跟来访者的关系更多的是理解他的情感、行为、语言后面到底发生了什么，而不是像来访者的行政领导一样，指出这个地方说得不对，应该怎么样。行政领导所做的，对这个来访者的人格成长是没有什么帮助的，所以来访者才找我们。这是行政领导和咨询师之间的重大区别。

咨询关系，是咨询师和来访者之间的关系。督导关系，是咨询师和咨询师之间的关系。这两者是一种平行的关系。"平行"这两个字在这个地方可以基本上被理解成"传递"。比如，如果我在督导的时候对咨询师有很多的批评，说他这个做得不对，那个做错了，或者是给他过于强硬的指导意见，那么这种关系就会传递到他和来访者的关系中。

在实践过程中也经常发生这样的事情，一个咨询师找另一个咨询师或者一个咨询团体给他做督导。督导完了之后，他自己或者别人发现，他没有办法把从督导那里获得的一些领悟用到他跟来访者的关系中。为什么呢？

至少有两个原因，一是这个督导本身没有起到应有的作用，督导者也许没有真正地看到或者理解咨询师和来访者之间到底发生了什么；二是咨询师自己的人格屏蔽了任何外人想给予他的帮助。别人虽然给了他帮助，但对他来说没有任何意义，他还是按照以前对来访者的理解来对待来访者，从这个意义上来说，督导就流于形式了，没有增加被督导者对来访者的理解。

在双方咨询开始的时候，我建议咨询师不要开口说第一句话，咨询师如果先说话或者提问，可能有一些不利的地方。来访者在过了一周后来见他的咨询师，在这一周里或者咨询的前一天晚上，或者在来见咨询师的路上，他可能想了很多，想告诉咨询师最近的困惑。如果咨询师率先提问，有可能把他想要告诉咨询师的那些思考全都堵回去了。

咨询师有一个原则，来访者想告诉咨询师什么比咨询师想知道什么要重要得多。咨询师和来访者是会互相影响的，我们的咨询应该是"来访者付钱，让咨询师以健康的人格来影响他"这种关系模式，但实际上在潜意识层面，不知不觉中，咨询师也会受到来访者的影响。所以，咨询师需要对自己在跟来访者关系中所表现出来的行为、态度和说的话有足够清楚的觉察，觉察哪些部分是我们受到了来访者影响之后所做的。

我们在日常生活中可能也会在跟某个人分开很长时间之后再次见面，两个人一起回忆最后一次见面的场景。来访者也可能出现类似的情况。有的来访者一来之后就会说，上次咨询我们谈到了哪儿，这一次我们接着这个话题谈。如果我们仔细体会一下，他也是用这种方式抹掉了两个人之间长达一周的分离，这是典型的有分离焦虑的人可能表现出的情况。从这个角度来说，我个人也不建议咨询师在这次咨询开始的时候提到上一次的咨询。

同时，咨询师不要通过提问、说话来挡来访者潜意识的路，我们需要被来访者的潜意识引领。当然，整个咨询过程也不是一直被他的潜意识引领，咨询师中途可能会给出解释。咨询师的提问有时候可能会有某种侵犯性，这种侵犯性会导致咨询师所占据的空间膨胀、扩大，而来访者所占据的空间缩小。自由联想的工作要来访者做，在咨询师保持节制的情况下，让来访者自我的空间尽可能地扩大。

永远不要问问题，因为每一个问题都有一个现成的答案在那里等着。如果咨询师和来访者的关系变成一问一答这样的关系，就不具有探索来访者内心深处的意义。比较好的做法是给来访者一个足够大的空间，让他自由地说话。如果咨询师一定要提问的话，可以提开放性的问题，而不是提过于封闭的问题。

精神分析发展到现在已经有 100 多年历史了，我们已经非常清楚地知道，如果咨询师跟来访者发生双重关系，或者是跟亲人发生双重关系，有可能导致非常糟糕的后果。那么，怎么样借助心理学帮助身边的亲友？我觉得我们能够为亲友提供最大的帮助，就是在学了心理学之后，我们增加了耐心，这样能够给我们的亲友以更多平静的陪伴。

我担心有很多想在学心理学之后去帮助自己亲友的人，他们的潜意识并不是帮助，而是想改变亲友。如果潜意识的这些内容没有被觉察的话，学了心理学之后去帮助自己的亲友，有可能会制造跟亲友之间更大的冲突。你要知道自己到底是在帮助亲友还是在控制他们或者想改变他们，以达到让自己舒服一些的目的。

有一个非常简单的鉴别方法就是你问一问这位亲友："我这样做，让你舒不舒服？"如果你所做的让他不舒服，那就表示你肯定是在为了自己的利益而想改变他。如果他觉得你这样做让他很舒服、让他很受益，那么你就是真正在帮助他。

心理咨询是如何起效的

提高咨询的有效性，是每个咨询师的毕生功课。一般来讲，心理咨询的"疗效因子"有以下五种：

- 设置。

比如保密原则，在固定的时间、地点见面，付费，不发展咨询以外的其他关系等，我们称之为"设置"，也就是来访者所说的看心理医生的"臭规矩"。设置本身是有治疗意义的，比如咨询的节奏是一种特殊的语言，可以影响到来访者前语言期的一些心理结构，语言不容易渗透到这个结构中。

一位青春期的男孩跟妈妈有很多冲突，他去做咨询。他妈妈很想通过咨询师了解一些儿子没有告诉她的事情，咨询师礼貌地拒绝了。这会让男孩感觉到他跟咨询师的关系是妈妈无法介入的领地。这就是设置了一个封闭的、不会被现实打扰的空间，来访者身处其中觉得很安全。

付费本身也有治疗意义。未成年人由父母付费，表示父母邀请了专业人员来帮助孩子解决问题，孩子跟咨询师的关系也因为付费而变得跟父母的关系不一样，这个不一样叫作"新的客体经验"。成年人自己付费，也有向咨询师授权的意思：授权你帮助我。免费的咨询疗效甚微，因为这是在重复跟父母的关系，而且咨询师的免费工作会在潜意识里形成一个施恩的压力，让来访者不敢表达真实的自己，并且要以好转来报答咨询师。很显然，这样的好转不是由领悟带来的真正好转。还有，咨询经常是旷日持久的，免费的咨询会让咨询师心生怨气，这显然也会影响疗效。

● 安慰剂。

特鲁多医生有句名言："医生的工作是有时去治疗，常常去帮助，总是去安慰。"很多心理疾病都是自己把自己"骗"病的，比如用想象的危险吓唬自己，安慰剂效应就是搞一套方法"骗回去"，算是"以毒攻毒"。所有治疗都有安慰剂效应在起部分作用，包括药物治疗。

安慰剂效应在惊恐发作的患者身上往往非常明显。他可能在生活中突然出现各种强烈的躯体症状，伴随濒死感，把他送到医院，往往不需要做任何医学处理，他看见穿白大衣的，所有症状可能立即消失。

● 宣泄。

精神分析发展的早期，宣泄是主要的治疗手段。来访者的问题往往是情绪堵塞，而宣泄可以疏通堵塞。现代心理治疗的所有流派，都或多或少还在利用宣泄的治疗作用。除此之外，我们还会加入其他更高明的办法，比如解释。纯粹的宣泄疗法已被淘汰，其原因是宣泄能够起到短暂让内心平静的效果，但不能持久，因为它没有让我们理解情感。

● 关系。

心理疾病源于有问题的早年关系，所以也需要在关系中疗愈。咨询关系是最强大的"疗效因子"。研究显示，有效治疗40%的效果来自好的治疗关系。

跟咨询师的关系起疗愈作用的原理是：

1. 在来访者内心，新的关系取代了旧的关系。比如你有一个严厉的父亲，你会把他内化到你的心理结构中，跟他形成一个内在的关系，这个关系让你产生各种"不舒服"。当你去见咨询师，他跟你的父亲是完全不同的人，他跟你的关系慢慢被你内化，把原来的关系稀释或取代，"不舒服"也就减少了。

关系的神奇之处是，有时候仅仅是看到别人不一样的关系，就可能被治疗。一个女孩从小跟父亲的关系相当紧张，上大学后去女同学家玩，看到女同学和她父亲的关系竟然可以那么快乐、融洽，这个女孩的反应一方面是为自己和父亲悲哀，另一方面是燃起了希望。

2. 新的关系中包含共情。不管你有什么"不好"的想法、情绪、行为，咨询师都不会指责或惩罚你。他努力去理解你，并跟你一起探索你为什么是这个样子的。当然，你可能会诱惑咨询师指责或惩罚你以重复旧的关系，受过训练的咨询师不会上你的当，而是一如既往地保持共情和分析的态度。

3. 新的关系中包含某种"被允许"，用以修正你过去的很多"不允许"。比如，一个女性咨询师用轻松愉快的方式跟一个青春期的女孩谈论性，就传递了"性是健康的和被允许的"这样的态度。

4. 新的关系制造新的认同。咨询师作为某种榜样被来访者模仿，让他能够像咨询师一样去思考、去处理问题和活着，这个现象被称为来访者向咨询师"租借自我功能"。

• 精神分析的解释。

所有来访者都是带着关于自己的"谜"来找咨询师的，我们需要跟来访者一起去找到"谜底"。解释的作用是：

1. 使潜意识意识化。潜意识里有些东西在捣鬼，表现为外在的各种症状，一旦意识到它们之后，它们就无法捣鬼了。

比如，我们在电脑桌面上可以看到一些正在运行的程序，比如打开的浏览器页面、QQ窗口等，这相当于意识；而有一些后台运作的程序，在桌面上是看不见的，要启动任务管理器才能看见，这就是潜意识。如何把潜意识意识化？把后台运作的程序放到桌面上，我们看到它，就可以手动操控它：停止其运行，或者干脆把这个程序删除。

一位 30 多岁的女性来访者告诉我，她从上初中开始，就没穿过颜色鲜艳的衣服，全是深色的，她想知道这是为什么。我半开玩笑地说，也许是你认为不穿颜色沉重的衣服，压不住你的风情万种和光彩夺目。她听了之后露出略带羞涩的笑容，不久之后，她穿衣服的颜色也逐渐明亮起来。

弗洛伊德发明过一个词——"女性阳具"。他发明的好多词都很难听，这个词就很难听，但很形象。有些女强人在事业上很成功，但在亲密关系中很失败。她们被告知，在跟男性的亲密关系中，她们的"女性阳具"跟男性形成了竞争性甚至敌对的关系，所以才导致了关系的恶化。这个解释把她们潜意识的内容意识化了，或者说把这个象征性的"阳具"从她们的心理结构中剥离了，使她们能够更好地认同女性角色，避免跟男性像哥们儿一样竞争。

2. 解释因果。解释现在之所以是这个样子，是出于过去的那个原因。

一个 20 多岁的男性来访者告诉我，他看到我没笑或者皱眉头的时候，就觉得他好像说错了话、做错了事，他对他的老板也有这样的感觉。我问他，这种感觉熟悉吗？这让他想起小时候，一旦他没有在看书学习，他做学校校长的妈妈就一脸怒气，所以他经常要装着学习来平息妈妈的怒火。他把过去跟妈妈的关系转移到了现在和我以及和老板的关系中，这就是所谓的"过去在现在重现"。

如何讨论咨询目标

　　我们针对来访者的工作主要有两个层面，一个是认知层面，还有一个是情感层面。如果这个来访者对咨询师有一些情绪，那么要首先针对他的情绪做一些工作。因为在这个时候，在来访者对咨询师有一些不满或攻击性情绪的时候，是不可能让他的认知发生一些改变的，所以在情绪上面的阻抗被修通之后，我们就可以跟他讨论一些与认知相关的东西。

　　咨询师和来访者所有谈话的内容都应该聚焦在希望达到什么样的目标上面来。这样做的好处之一，就是能够消除来访者对咨询师无所不能的幻想，他好像不是去看咨询师，而是看一个具有某种魔法的人，能够在非常短的时间里面解决自己所有的问题。但是，咨询师需要把来访者有一点点原始理想化的投射转化为正视现实，并且把他对咨询师的期望值降低，这样才

186

能够更好地帮助来访者实现一个能够实现的目标。

通过降低来访者对咨询师的期望这样的讨论过程，聚焦在现实的目标上面，虽然会让来访者有那么一点点失望，因为他的理想化破灭了，但是咨询师这样做了之后，他往往能感受到咨询师的真诚。"这是一个愿意帮助我的人、不会骗我的人。"这一点对来访者来说有至关重要的治疗意义。咨询师真诚的态度，有时候比使用技术还要好。

我们作为心理咨询师是给来访者帮忙的，就像开汽车修理店的人，别人的车子如果出了什么毛病，就来找我们。假如有一个先生开着一辆很小的车到我们这儿来，告诉我们他的车在城市里开没什么太大的问题，但是如果去开山路，因为路非常不平，有时候还爬很高的坡，他的车子行驶就很困难。

我们能够帮他做什么呢？帮他换上更大的车轮，如果可能的话，还可以把底盘抬高，换一个马力和排量更大的发动机。他再去山路上开车，就不会再像以前那么困难了。

但是来访者有时候可能有点不清楚，他们来，不管是意识层面还是潜意识层面，都是要我们帮他们改变一下路况。咨询师能做的是改变你这个人，实现你在人格层面的改变，或者改变你对现实的态度，但是不能够改变现实本身，咨询师需要明确工作的界限。

我们可以改变来访者对某个事情的态度，就像把一辆车修好或者改装好之后，能够适应更糟糕的路况一样。如果我们没有分清楚到底是改变来访者的态度还是改变他的现实，来访者就会诱导我们试图改变他的现实，这就会让我们处在焦虑之中，完全丧失了改变或者帮助来访者的能力。来访者对咨询师有很多的要求，最典型的表达是"你给我分析了那么多，我还是不知道该怎么办"，在来访者这样说的时候，双方来到了一个非常关键的点，就是要划清楚双方的界限以及咨询师可以做的事情的边界。

咨询师不愿意解决来访者内心的迷茫，就是他认同来访者保持糊涂的结果。但是咨询师因为在这个位置，他总是要搞明白一些事情，所以他把注意力转移到了搞清楚另外的事情。还有一种可能性，咨询师认为来访者的迷茫是对咨询效果的不满造成的。也就是说，咨询师觉得自己需要对来访者的迷茫负责任，他在这种情况下感到有点焦虑，所以他需要缓解一下自己的焦虑，让来访者对自己打分，来使自己对两个人的关系有一种确定感。

我个人不太建议直接让来访者对他和咨询师的关系以及咨询的效果进行打分，为什么呢？因为如果这样做的话，就相当于把来访者置于评判我们、比我们高的位置上面，这显然对我们的工作不利。

如果我们要使用打分这样公开透明的方式的话，我觉得可以把它用在来访者对自己很多方面的评估上面。举个例子，我的一个来访者是一个十八九岁的男孩，他有一个症状就是害怕过马路，因为他觉得过马路不安全，有可能被车撞到。他小时候最重要的经历，就是他是被奶奶带大的，跟爸爸妈妈聚少离多，他也慢慢意识到他的这些问题，有可能跟隔代抚养有关

188

系。所以，有一次，我要他打分。我这样问他：你觉得你过马路都害怕，有多少是 20 岁的你，真正觉得害怕的你占百分之多少，只不过是你在代替奶奶担心自己？

查清了之后，事情就变得非常清楚了，这也是我们进行打分这个举动的目的，就是要相对比较精确地分清楚什么是自己的，什么是别人的。这个来访者在我这样跟他解释了之后，他说，反正我看到跟我年纪一样大的男孩过马路是丝毫没有问题的，所以估计 99% 都是我在代替我奶奶担心我过马路的安全，最多 1% 是我的。

如何面对来访者现实中的难题

　　心理治疗的目标是让一个人自己就拥有判断是非的能力。把判断力外包，这也是一种移情。如果来访者把对一件事情的对错判断标准投射给了外界，也就是说，他不是按照自己内心固有的判断对错的原则，而是根据"别人有没有这样做"来判断这件事情是对还是错，这叫作判断力外包。

　　这意味着在这个来访者的早年经历中，他没有权利自己判断该怎么做事情，而是把这个权利交给了爸爸妈妈或其他权威。只有爸爸妈妈说可以这样做的时候，他才去做。

　　也许咨询师会问，在来访者诱导我们代替他做出判断或者决定的时候，我们该怎么做？我们要做的就是帮助他看清楚自己的内心冲突。

　　在同一件事情上面，我有完全相反的两个选择。如果一个来访者由于面临这种冲突的事情找我们，而我们又不代替他做出判断——到底选择 A 还是选择 B 是对的，或者说，选择 A 还是选择 B 是有利的——他的第一反应可能就是我花了时间、花了钱到你这儿来，没有任何收获。但是，事实不是这样的。

事实是他越多地了解自己矛盾的冲突之后，他越能够承受这样的冲突情况，而不是在这种冲突中间感觉到有必须采取行动的压力。

如果我们都是按照别人的想法来，不一定能化解冲突。因为每个人都希望按照自己的想法来，这种愿望非常强大，且永远不会消失。我们按照别人的想法来，可能只不过是一时的权宜之计。而最后决定自己的人生按照自己的想法来，这才是一种不死的愿望，它具有最强大的生命力。

我们如果从存在主义哲学的高度来说，活着最大的价值就在于选择，由自己来选择还是由别人来选择，是决定一个人生命的品质的最重要的因素，我不认为它是第二个因素，我认为它是最重要的因素。

我曾经遇到很多这样的情况，最典型的是在孩子成绩下降的时候，爸爸妈妈非常焦虑。我给出的建议是，爸爸妈妈需要跟孩子的成绩保持距离，前提是如果父母真的很在意孩子的成绩。

如果孩子的注意力过多地被爸爸妈妈的干预和焦虑所影响，他的成绩是绝对上不去的。当你们自身在面对工作或者学习方面的压力的时候，旁边人的吆喝对你们来说有什么作用？

我估计你们能够体会到的绝大部分是反作用。

这本质上是两件事情，一件事情就是自我边界，什么事情是我的事情，什么事情是别人的事情；如果一件事情涉及的是别人的事情，那么我们可以帮助别人，而不是打扰别人。父母对孩子有时候真的是操心太多了，可以把它说成未分化，就是把别人的事情变成了自己的事情，把孩子的事情变成了父母的事情。所以，如果爸爸妈妈能够跟孩子的成绩保持距离的话，孩子就可以腾出手来全力以赴地对待那些智力层面的事物——数理化的测验等。

在青春期的孩子身上经常出现这样的情况，父母越是不让做的，他们越要做，这样显得他们是一个有独立人格的人。比如，青少年有可能不是出于自己的真心愿望要谈恋爱，只是内心懵懂或者学习压力很大等。但是在父母反对他们谈恋爱的时候，他们真的去谈了一个恋爱，所以他们恋爱这个事情本身不具有太多恋爱本身的意义，而是具有反叛的意义。

这个跟抽烟也差不多，抽烟实际上不是人的基本需要，人类抽烟的历史不是很长，特别是这种现代化炮制的纸烟的历史不是很长，但是青春期的孩子为什么要尝试抽烟呢？很多青春期的孩子在抽第一口烟的时候是非常难受的，抽了几年烟的人也都不会觉得烟真的好抽，但是他为什么还要抽？因为这种行为本身意味着独立、反抗和自主。

当你的来访者也是心理咨询师

当来访者也是一名咨询师的时候，咨询师应该做些什么？在遇到我们的同行这样的来访者的时候，首先，大概有以下三种类型的阻抗。

第一，把理论作为阻抗，如果来访者也是心理动力学取向的咨询师，他有可能会随时躲在理论后面，跟咨询师建立关系，比如来访者使用各种各样精神分析的术语。

第二，来访者自我认同，也会形成对分析的阻抗。当来访者认同自己是从业者的时候，他就丧失了自己体验爱恨情仇这样的角色定位。

当来访者以咨询师的身份跟我们讨论他的问题的时候，我们也需要立刻指出来，让他知道自己现在是一个什么样的角色定位。

第三，当来访者是心理咨询师的时候，他不可避免地会跟我们形成个人之间的竞争，他可能会分出一部分意识来，看一看眼前的咨询师和他到底谁是更好的咨询师。

如果我们觉察到这种情况，也需要对来访者指出这个问题，让他能够看到他是怎么在心理咨询师这个平台上竞争的。

咨询师的营业之路

有的咨询师不要一开始觉得我天生自由，不喜欢受束缚，我学了一两年就自己去创业，反正我家里也有钱。但这样创业是很困难的。在这种情况下，你能接的个案是非常稀少的，遇见的也是非常小的一个群体；你也非常容易焦虑，因为你是初学者，分辨不清哪些问题是要家庭咨询师负责，哪些问题是要个人咨询师负责。总是遇到这种挫折体验，这对于职业发展是不利的。一般来说，咨询师职业发展初期大概有几年时间是在一个团体中、集体中度过的。

你老在来访者身上用力，可要达到效果，改变来访者背后整个系统又肯定是比较困难的。你应该去见见来访者的家庭咨询师，跟家庭咨询师说一下来访者个人的情况，然后家庭咨询师再根据情况逐渐把来访者的家庭成员邀请进入家庭治疗中。如果没有这个沟通，家庭咨询师可能不是很清楚来访者个人的情况，误认为他什么都没发生，但事实却是来访者个别治疗这边发生了巨大改变，所以这也是我们为什么做咨询要团队合作。

团队越是庞大，越是有各种各样的人，你接诊的来访者的问题便越是困难，越是复杂。你越是单兵作战，或者你只是和几个人约一下，租一个工作室，三五个人，全部都是精神分析取向的，这种情况下你能接的个案范围就越发狭窄。

咨询师如何把控时间

一个成年人的注意力保持集中的时间通常是 45 到 50 分钟，这也是学校一节课是 45 到 50 分钟的原因，它是符合普通心理学原理的。

咨询师也是要每 50 分钟结个个案，60 分钟里剩下来的 10 分钟要做自我关怀、情绪平稳、清空、深呼吸，再接待下一个来访者。

如果时间延长，这个来访者半小时、那个两小时、这个 20 分钟拖延，这会给咨询师的生活造成很多问题。如其他的来访者来了，时间排不过来。

这首先会给来访者造成时间和生活上的痛苦和无规划。我有个来访者，他是一个很有名的律师，他每天的时间都卡得很紧。如果他的咨询时间是 9 点到 10 点，他 10 点必须走，如果

9点半才开始咨询，可能就影响到他下面的生活和工作了。这是一个表面上的情况。更深层次的情况是，能够准点开始、准点结束，这本身是自我功能的一面。咨询的目的是让来访者能够学会自我疗愈，自我疗愈的一个特征就是你能够准点进入你的创伤或者痛苦，你每天都要进行自我疗愈，就像练功一样，每天都要留出半小时到一小时的时间，进入你的自我疗愈时间。这一小时结束的时候，你要能够停住，能够走出来，这样你的生活和工作才不会受到影响。

我有个来访者，他是这样自我疗愈的。他必须在他们家小区旁边再租一个房子，他每天要自我疗愈的时候，必须到他租的房子里面，坐在那里，想起自己的创伤，自我疗愈，画些画，进行自我的意象对话或者默默地工作，到一个小时再从他租的房子里面出来，去上班或者干其他的事情。这么一段封闭的、自由的、开放的、有开始、有结尾的时间，这么一个时空，本身就叫作治疗容器，这个治疗容器是有弹性的，但是不能说毫无规则。它必须是有规则的，什么时候开始，什么时候结束，这就是初学者开始做咨询的时候要养成的一个习惯。无论是对你个人的生活、对患者的疗愈、对来访者的自我功能的提升，还是对你自己自我功能的提升，都有帮助。

一般来说，咨询室里面要放一个时钟，初学者是要看着这个时钟来进行咨询的。但随着功夫的深入，到45分钟的时候，你自动就知道，这时候该停了，你不用看钟也有这种准确的时间知觉。当然，咨询室里面放置这个时钟，有些时候也会引起来访者强烈的焦虑和阻抗，比如有强迫症或者强迫性人格障碍的来访者会老去看时钟。有些咨询师会帮助来访者，因为时钟本身会引发死亡焦虑，不要过度地激发死亡焦虑，所以那段时间这个来访者来的时候就把钟收起来，当然，更重要的是来访者最后能够看钟的时候，他不会有那么强的焦虑了。

总体来说，快到45分钟的时候，咨询师就要做好准备，要总结，结案陈词。

一般来说，头四次会面，我们心里面大致要有一点，我们叫作规划。尤其是新来的来访者，一般来说，我们在咨询之前，至少应该提前10分钟进入我们的工作室。对于初学者来说，我觉得10分钟是不够的。至少我当年是新手的时候，差不多要提前半个小时到一小时到我的工作室里面，等待我的来访者。

提前这些时间你该做什么呢？第一，要回顾案例，上一次做了什么；第二，要策划好本次咨询做什么；第三，在这几分钟内要进行幻想，幻想一下来访者会和你说什么，你会说什么，尤其是幻想一下，来访者会提出什么难题。最后一个部分就是进行一下自我分析，那就是我之前讲的，一定要想到这个来访者可能激活你什么样的创伤体验，但有些时候也不是激活你的创伤体验，而是激活你的困难感，因为你和他没有共享的经历。

比如，来访者的父母去世了，而你父母双全，你的婚姻也是受到父母祝福的，所以你进入婚姻的时候可能也没有挣扎。你是一个幸福的小孩。这时候你也会遇到困难，你的困难是什么呢？就是你对来访者的苦难很难理解，很难感同身受，这就是你的不足。当然，你和来访者有类似的经历或共同的经历，你可以很好地共情，但是你要防止你的情绪被淹没。

　　每天第一个咨询开始之前，最后一个咨询结束之后，分别有半小时到一小时做这些工作就差不多了。当然了，你还要练的一个状态可能是彻底放下咨询的状态。但是我觉得这种情况是必要的，有些时候我们必须活出自己的另外一面，不要老戴着一个咨询师的面具。和朋友吃饭的时候也戴一个咨询师的面具，这样你的面具戴得太厚了。个人的另外一部分，和非咨询的一部分的这些黑暗，被我们标定为黑暗的正常的反应，比如给人建议、指导别人、干涉别人的生活、骂街、骂娘、假丑恶，这些东西要适当地释放一下。

06

心理咨询中的经典问题

转诊：我想换一个咨询师

我估计每个咨询师都可能有这样的经历：在他的从业生涯中，有些来访者他没办法治疗好，就转给另外的咨询师。我本人就有多次。我觉得一个咨询师承认自己没有办法治疗一部分来访者，不是他水平低的证据，反而是他有自知之明，对自己的局限有了解，而且足够勇敢。

如果来访者一开始把咨询师理想化，通过多次反弹之后，这个理想化缩小甚至破灭，然后两个人再继续合作，又开始对咨询师有点理想化，这个过程就是一个很正常的情况。但是如果一开始就没有办法把咨询师理想化，并且有攻击咨询师的行为，我觉得要扭转这个局面是一件非常困难的事情。

有一个来访者找到一位咨询师，开始的时候他们合作得非常不顺利，经过一年多的合作后，他们的僵局还延续着。所以这个关系实际上已经中断了，咨询师也没有给他推荐下一位咨询师。过了三年之后，这个来访者突然又出现了，但这次出现的情形是他把三年前给他做咨询的这位咨询师告上了法庭。他说，在那一年的咨询中不仅没有效果，反而让他的症状加重，而且在过去的三年里面，他的现实生活也一塌糊涂。他认为，现实生活中的这些麻烦都是咨询师对他进行了不恰当的咨询之后引发的一个结果。

咨询师也面临很多来自来访者的压力，如果通过解释还不能够解决这个僵局，这个压力就有可能投射到咨询师的现实生活里，比如来访者向咨询师所在机构的领导投诉。还有比这个更严重的情况，就是刚才我说的一些来访者可能会借助法律的手段。当然，我觉得所有这些事情都不是因为咨询师操作失误，而是在来访者的潜意识层面，把眼前这个咨询师识别成一个不好的父母的形象，在进行移情性攻击。

如果换另外一个咨询师，比如一个男性，年纪比现在的来访者大许多，看起来德高望重，这样的外在形象有可能让一个来访者产生理想化的移情，赋予这个咨询师能够解决问题的智慧和力量，这就是一个比较好的开始了。

这个世界上没有绝对的标准判定一个咨询师的水平高还是低，我们有的只是相对的判断标准，就是这两个人是否匹配。我工作的时间比较长，有些来访者可能容易对我产生理想化的移情，但是另外的来访者可能对我没什么理想化的移情，而对一个比我年纪轻得多、经验远远不如我的人产生理想化的移情。这种情况不是在理论上可能发生，而是在现实生活中真实发生过。发生这种情况，我作为当事人也有挫败感，也有备受打击的感觉。

但是，这个时候需要我们告诉自己，我们作为心理咨询师，并不是适合所有人，而只适合其中的部分人。从工作量来说，我们只是适合部分人，就已经把我们忙死了，所以这种情况对我们的现实不会构成太大的影响。

还有一个给所有的咨询师的建议，来访者是不是适合你的时候有一个简单的判断标准，如果你感到跟这个来访者在一起的三个 50 分钟度日如年，非常不舒服，有很多的压力，感到很焦虑，甚至有恐惧感，不知所措，感觉自己无论怎么做，都可能被他评判或者攻击的时候，这表明你不适合跟这个来访者在一起合作。

在这种情况下，最好开诚布公地跟这个来访者说，也许我并不适合给你做咨询，你最好找另外的咨询师。我想以后在咨询机构里面可能会有这样的职业人出现，就是专门负责对来访者进行筛选，意思是所有的来访者首先找的就是这个人，然后由这个人根据对这个特定来访者的评估，来看看来访者适合一个什么样的咨询师。

20 年前，我在中德心理医院门诊的时候，有一个男性同性恋者告诉门诊接诊人员说他想找我咨询，接诊的工作人员就告诉那个人说，这位医生不看与同性恋有关的案例。这是因为这个接诊人员知道，我没有把自己内心的同性恋的冲突处理好。

过了这么多年之后，我在想，如果再有男性同性恋找我的话，我是可以接诊的，因为我觉得经过这么多年，我把自己内心的同性恋的冲突处理得比较好了。

在这里需要强调一下，接诊这样的人，我们并不是要解决他的性倾向问题，问题是由他这个身份导致的其他相关的事情，这个是需要我们跟他讨论的。

当我们看到来访者不能够坚强和独立地处理一件事情的时候，就需要理解这后面的心理动力学是什么。可能的理解之一是，如果他坚强而独立地处理这件事情之后，就意味着他对他依赖的那些人的抛弃，而这个人会觉得有内疚感，所以坚强不能和独立并存，不会是因为对自己的保护者的保护。当我们把这样的理解告诉来访者的时候，他就会敢于坚强和独立。而如果我们直接说你要坚强、要独立，就会让他有更强烈的抛弃他人的内疚感。

咨询师说要坚强和独立，来访者出于他需要挫败咨询师的潜意识的愿望，他可能会变得更加不坚强、不独立，出现咨询僵局。

但是在另外一个情形中，如果来访者对咨询师有很多正义性的移情，当咨询师用这种鼓励的方式跟他说话的时候，他就会把它理解成"原来我已经被咨询师允许"，咨询师这个时候是象征性的父母，被咨询师和象征性的父母允许坚强和独立，这样他就会减少因为坚强和独立抛弃原始养育者的内疚感。

当我们跟一个人说，你不需要为这个事情过度自责的时候，他可能会变得更加自责。因为潜意识分不清楚。我觉得我们可以这样做，直接问他有没有自责，以及面质一下他自责的程度，看看他自责的程度跟他犯的所谓的错误之间是不是成比例，如果是成比例的，我们基本上可以不管。但如果一个人有自恋倾向，他会让自己的自责程度远远高于恰当的水平。所以，通过这样的面质就可以使他的自责下降到一个恰当的范围。

金钱：我是花了钱的

在咨询过程中，来访者强调自己来见咨询师是花了钱的，我们也需要对这样的情况给予理解。我首先要理解，这个时候来访者需要用我花钱这个事实来隔离跟咨询师的关系。这是在跟咨询师的关系中纳入了第三者，而第三者就是金钱。

其次要理解的就是来访者的精神世界还没有足够的象征化，意思是他可能还是把在咨询师这里花钱这样的行为理解成在商店购买一个物品，他的潜台词就是我花了钱，我就需要获得一个我能够看得见、有长宽高、有颜色的一个实物。但是，我们需要让他理解在跟咨询师的关系中，他没有办法购买这样一个实物，他购买的是这个时间、这一段关系，以及从一个咨询师那里反馈过来的对他的内心世界的理解，所有这些东西都是象征层面的。

从咨询师的反移情来理解来访者,我也曾遇到来访者跟我这样说,就是我花了钱,你就应该怎么着。我的反应是我没有像他期望的那样给他帮助,让我觉得有点内疚。

简单地说,来访者这样说的目的就是要咨询师收了咨询费之后内疚,这也可能是一个移情性的反应。意思是在他跟早年的客体的关系中,因为有一些俄狄浦斯冲突,他觉得自己得到了超过自己期望的、能够承受的爱,所以他觉得内疚,那就是一个他平衡自己内心世界的一个防御。

来访者强调他是付了钱的时候,这个强调有可能是在掩人耳目,把我们的注意力从别的更重要的地方转移开来。他掩盖的是什么呢?我们猜测他掩盖的是内心里面婴儿的那个部分,那个部分需要咨询师像妈妈一样,给他无条件的关爱。无条件的关爱就是我不付钱,你都要像妈妈一样关爱我。

来访者问过我一个问题,什么是自我成长?我觉得有时候我们需要在咨询过程中把使用的一些术语用非常通俗的语言表达出来。所以我这样回答:所谓的自我成长,就是把自己变成一个处理各种各样人生问题的老司机。

睡眠：如何把稳定性内化

　　我们可以把来访者要解决的睡眠问题看成出自以下两个动机。第一个动机是他想通过关注自己的睡眠来回避他的现实冲突。这是一个防御，或者说他希望通过被某一个外在的人解决睡眠问题来回避他现实中的麻烦。第二个动机是他想通过这种方式来转嫁他的焦虑，意思就是"面对这些现实的麻烦的时候，我搞不定，那么我就要想办法给我的咨询师制造一个麻烦，让他搞定，这样我就可以以别人在焦虑来缓解自己的焦虑"。

　　心理咨询师在某种程度上就是要承受来访者投射过来的焦虑。下面我们从心理动力学角度来理解一下失眠，背后潜意识的原因是他内在的、稳定的客体关系被外界所威胁。

　　一个人能够睡着的前提条件是曾经有一个人陪伴他，就像孩子跟妈妈稳定的联结一样，这种稳定内化成自己的一部分跟自己的另外一部分的关系。这个稳定感使人能够独立成为一个世界，进入自己的潜意识层面。但是如果内在的这种关系被威胁之后，就需要永远地保持对外界的警觉，以寻找一个能够再次给人稳定关系的客体，使人能够再次把它内化，并且能够睡着。我想这个来访者潜意识层面是希望咨询师变成他稳定的外在客体，外面已经变得不可控了。

当然，我们可以评估一下，要达到这样的目的，实质上是需要成为一个稳定的客体，而这需要非常长的时间，比用药物治疗耗费的时间要长得多。在这里需要重申一下咨询师在这些具体问题上的边界，如果一个人需要的是迅速消除他的症状，我们建议他去看行为主义取向的咨询师，或者是看精神科医生并给他开药。比如，他希望两三天之内就缓解他的抑郁情绪，我们会建议他服用抗抑郁的药物；缓解焦虑，我们建议他服用抗焦虑的药物；如果他需要今天晚上就睡一个好觉，我们建议他服用安定类的药物。

作为心理动力学取向的心理咨询师，我们是通过改善他的人格来达到缓解他的症状的目的的，这需要非常长的时间。同样，如果一个人对理解他的症状不感兴趣，而只对消除他的症状感兴趣的话，我们会再次建议他去找行为主义取向的咨询师，或者是看精神科医生。

我个人是精神科医生，我不反对用药，因为对于一个不希望了解自己的人、不希望从人格层面来解决这些问题的人，或者以没有时间、没有钱为借口来阻抗解决自身症状的人，看行为主义取向的咨询师和服用精神科的药物是相当不错的选择。从实证医学这个角度来看，心理治疗的作用和药物治疗的作用是差不多的。在这上面我们真的是没必要"一根筋"，认为所有的来访者都应该做心理动力学的治疗。

睡着是进入到自己潜意识里面的一个状态。这个不是别人告诉自己的。所以，我觉得在这个地方主要是可以反馈，你能不能想一下，如果满足什么样的条件，你就可以睡得着？

我觉得睡眠问题可以单独做一个问题来处理。因为从理论上讲，当一个人遇到一些麻烦的时候，的确有可能睡不着，但是也有可能睡得着。我们想象一下，有很多将军在枪林弹雨中都是可以睡着的，所以睡觉是一个生物学的问题，单独处理是没问题的。

从理解上面来说，我们可以问来访者一个问题，就是"你是不是担心自己睡着了之后又会发生一些意想不到的事情？"我们这样做实际上是在揭示出现了这些事情之后，这个来访者警觉性提高的问题。当然如果过长时间睡不着的话，我觉得我们作为咨询师也可以建议来访者去找一下精神科或者神经科的医生给自己一些安眠药吃，这个建议是可以给的。

咨询目的：我什么时候可以好

来访者经常会提一个非常经典的问题，"我什么时候可以好？"我觉得遇到这样的问题的时候，咨询师可以有以下的反应：

一是直接说我不知道，因为这是一个心灵探索的旅程。我们没办法预测到什么时候，探索到什么程度。凡是给来访者承诺的咨询师都不算一个好的咨询师，就是有点像江湖医师一样，说你吃了我多少服药以后你就可以好，等等，所以说不知道，这也是在划清我们的边界。

二是利用来访者问什么时候才能够好这样的问题，再次确认一下咨询目标。比如，来访者会念念不忘他的咨询目标——解决他的睡眠障碍，而我们需要把他的咨询目标拉入人格成长这方面来。

　　三是问问来访者，你觉得我们像这样谈话，谈多少次你那些问题可以被解决，你的咨询目的可以达到？这样做的好处在于可以让来访者稍微感觉一下他对整个进程的操控。

　　简单一点说，这涉及来访者的自恋，他因为没有办法搞定现实中的一些事情，在自恋已经受伤的情况下，他向另外一个人求助，所以求助本身也是他自恋受损的证据。他潜意识里面能够做的事情之一，就是用自己这些问题为难咨询师，让咨询师跟自己一样手足无措，以此来缓解自己自恋的创伤。所以，来访者是否允许咨询师把自己治好，以及允许咨询师在多少次之内把自己治好，这都是在他的潜意识的掌控之中的。

　　咨询师可以直接提问来访者，"你刚才问到多长时间可以解决这个问题，我现在感兴趣的是，你允许自己改变的速度有多快？比如，你现在是一个面对这样一些麻烦的事情不知所措的人，而且还因这些麻烦事情出现了睡眠的问题，你是希望自己一夜之间就变成能够游刃有余地处理这些现实冲突，并且想睡就睡的人，还是会给自己一个星期或者一个月的时间？"

　　对于这个问题，我个人不建议咨询师回答"这取决于我们两个人的配合"，因为这里好像暗藏了一个强迫，就是你必须配合我，你如果不配合我的话，就没有治疗效果，或者不能够及时解决问题，这会引起来访者强烈的阻抗。因为当来访者关心自己什么时候可以被治好的时候，来访者回避了探索路途上的艰辛，或者来访者有可能仅仅只是等待多长时间之后，就完全变成了另外一个人，而忽略了这个过程。

因为如果来访者挫败了咨询师一次之后，他就可能会第二次、第三次挫败咨询师，这本质上也是一个强迫性重复的行为。如果是一个悟性很好的来访者，他可能会告诉咨询师：你竟然给了我很多帮助，我会觉得有屈辱感。如果他这样回答，便使关系朝前迈进了一步。他可能会这样回答：你这样的状态怎么可能给我帮助？表示他的潜意识没有做好允许咨询师改变自己的准备。在这种情况下，经验丰富的咨询师们会建议最好经过讨论之后转诊。

谴责：嫌弃你，又离不开你

临床上遇到的让我们最头痛的一群来访者是有边缘型人格的来访者。他们对咨询师的全能夸大和信任的幻想不会消失，而是转变成谴责咨询师不能立即解决他们的问题。

边缘型人格的来访者，不管是自恋的、自恋人格障碍的，还是边缘人格障碍的，好多人都会有这种特征：他既嫌弃你，又不离开你。就是我恨你，请你不要离开我；请你让我继续恨你、继续谴责你。这时候就涉及我们咨询师怎么修通自己的反移情。

遇到边缘型来访者，咨询师很容易被激活情绪或者创伤记忆，有些咨询师还跑去谴责督导师、谴责同行等，甚至怀疑整个心理咨询行业都是骗子，这都是我们的反移情工作和反移情反应。

最近我看到一个报告。美国心理师协会专门有个分支委员会，叫作咨询师互助委员会，他们发觉咨询师在咨询的过程中会有很大的身心损伤。早在温尼科特的时代，温尼科特就说发现了这个问题，这叫反移情中的恨。

母亲恨自己的孩子有很多理由，那么咨询师、分析师自然也会讨厌来访者。咨询师、心理师互助协会统计过大概有多少咨询师受到多少压力，一统计，数据惊人。换句话说，只要你做咨询，你的身心肯定就会受到损害。咨询师、心理师是自杀率较高的人群——有一段时间曾经是最高人群，大概是 60% 的咨询师都会出现浩劫症状。浩劫症状是什么？浩劫症状就是抑郁症要发作了。现在我们已经知道，早在荣格时期，荣格就发现了交感神经系统。来访者有交感神经系统，所以，来访者的情绪必然感染到我们。

我们有镜像神经元系统，只要你和一个人待一段时间，哪怕你跟一只抑郁的猴子、忧郁的大猩猩待一段时间，或者你是个忧郁的人，你和猴子、狗、大猩猩待一段时间，你的情绪或者猴子、狗、大猩猩的情绪也会变得忧郁。哺乳动物之间通过镜像神经元系统会相互感染情绪，更不要说来访者会带给我们很多烦恼、痛苦、阻抗，这些情绪都是正常的。在咨询互助的时候，我们首先要把这些情绪正常化。

换句话说，这是我们工作必然带来的一部分，我们必然会讨厌、厌烦或者不喜欢要合作的来访者，这是很正常的。重要的是，咨询师在这个过程中能够意识到自己现在正在烦他，正在讨厌他。好多新手咨询师没学过反移情工作，首先，又烦又讨厌来访者；其次，又去压抑自己的烦和讨厌。

有些时候是有意识的压抑，有些时候是无意识的克制。有意识的压制还好办一点，因为你知道自己正在压抑心中的闷气，无意识的克制就会让你很耗心力。做完一次咨询，你没有记忆，你忘了这个咨询发生了什么，你也忘了自己在做什么，或者你会越来越害怕干这行，所以咨询师要在一开始就训练反移情工作。

如果遇到这种情况，咨询师要是实在不想回答——因为来访者是在逼着你自我暴露，可以用我之前说的那种方式来和来访者合作，也可以用我之前说的一种方式。如"听起来你很想通过这点了解我，把我当作一个理想的、完美的伴侣来帮助你，实际上我觉得婚姻辅导大概不是这么一个过程，不管我的婚姻是幸福还是不幸福的，我都可以通过我所学到的方式帮助你"。有些时候你也可以比较幽默地说，"听起来肿瘤科医生必须得过肿瘤，才能给病人治肿瘤"。

自我流露、自我暴露，也是方法之一。总的来说，自我流露第一要慎用，第二你要准备好对它的副作用进行承接，就是来访者对你更感兴趣了，和你的私人关系很融洽。你自我暴露了，然后来访者就对你个人更感兴趣了，他对你个人更感兴趣之后，他会更加依赖你个人，依赖你的个人经验，而不是依靠他自己。自我流露一般用于非常强烈的阻抗的时候，你被逼到角落里，乃至运用于危机事件的时候，我们才进行自我流露，或者叫自我暴露。

沉默：沉默的时候你在想什么

咨询过程中的沉默有好多种处理方法。首先要看这是咨询师引发的沉默，还是来访者正在沉默。如果是来访者正在沉默，这时候我们咨询师做得最多的事情是让自己也沉默。但咨询师在沉默的时候，要进行反移情工作。咨询师要扫描自己的身体，进入一种遐想的状态，自由地让自己的心灵漂浮，观察身体，观察自己的情绪，观察自己内心的冲突，观察自己正在被激活的情绪或者创伤场景。

这时候咨询师首先要能够自我共情、自我包容、自我分析，随着咨询师的身体出现松、软、暖、轻、空这种反应，可能会接着再回到来访者身上进行工作。

如果来访者和咨询师的沉默来自咨询师的卡壳，一般情况下，这时候咨询师首先能做的是先等半分钟到一分钟，然后说

"当我们谈到这里的时候，你注意到没有？我没说话，你也没说话。接下来当没说话的时候，情绪是什么？首先还是情绪，你怎么理解我们谈到这里没有说话？"

治疗早期的时候，沉默时间不应该太长，最多三五分钟，一般来说半分钟左右就差不多。治疗到中后期的时候，可以有很长时间的沉默，来访者说"我没话可说了"，咨询师再回到自由联想的设置中来，"没话可说没关系，你注意现在的情绪是什么？身体上有什么反应？等待你的心中自然地浮现出你的图像、情绪、感受"。

有些时候你要安慰一下来访者，你要告诉他：沉默在我们咨询过程中是经常发生的现象，沉默是非常有意义的，我们来说说你沉默的时候有什么情绪，有什么想法，身体上有什么感受。

好多人倾向于在这时候说"沉默的时候你在想什么？"这么一问，就把来访者问到思维上面去了，所以这时候我们要问的是："沉默的时候，你心中有什么图像吗？你身体上有什么感受吗？你的情绪是什么样的？你在想什么？无论出现什么样的内容，你都可以向我倾诉。"有些时候来访者也会谈，当他沉默的时候，他会感到非常焦虑、非常尴尬。这实际是一个发展心理学问题，就是孩子成长到一定阶段的时候，他会出现一个能力，这个能力就是孩子自己在那里玩，然后他的爸爸妈妈在旁边陪着他，爸爸妈妈是沉默的，孩子也在那里沉默地独自玩游戏、画着画，等等。当家庭中有很多这样的时刻出现的时候，这个孩子实际上是能够分离个体化的。在很多无法忍受沉默的孩子或者成人的家庭中，这种分离个体化的时刻是不足够的。来访者在心理咨询的过程中重新体验到了分离个体化，经过一段时间后，有的人开始承受"两个人在一起是可以沉默的"，就待在那里，各想各的，各做各的事情，所以这是非常常见或者说非常有意义的一个现象。

在高频的精神分析中，一周 3～5 次的情况下，来访者看不到咨询师的面孔。这种沉默是非常常见的，对咨询师的分离个体化很有意义。

重新解读爱情、
婚姻、家庭

　　关于婚姻，我被问得最多的一个问题就是"婚姻制度会不会消亡？"我感觉有人等待婚姻制度消亡的心情比较急切，实际上在现在合法的婚姻制度下，人们没有办法选择适合自己的婚姻模式，比如一辈子单身，或者开放的婚姻。很多人实际上不需要等到法律跟进，因为法律在很多时候是落后于我们每个人的发展的。

　　李银河老师也讲到，我们的婚姻立法在无错可以离婚的这方面，一开始就站在了制高点上，听到这个的时候我还是非常高兴的。但是婚姻制度允许多元化的婚姻，这一天的到来肯定会比较晚。同性恋的婚姻现在正式被提出来了，以前提出来的是李银河老师。现实中这个观点好像太超前了，开放的这种婚姻可能要比同性恋的婚姻更加超前。

　　为什么我们会说所有固定的婚姻制度都是有局限的呢？因为人性有不同的需要，比如有时候我可能需要深度的关系，有时候我需要一个人独处，在不同的场合和不同的时间，我的需要都是不一样的。所以，当我们从法律层面固定一个婚姻形式的时候，它有可能是规避了我当下或者在某种场合的不一样的需要。这就是为什么任何婚姻制度都有其相应的弊端。

从情感需要来说，有时候我们是需要爱的，有时候需要恨。"恨"听起来是一个不太好的词，但是对儿童的心理发展有了解的人都知道，对父母的爱同时生长着对父母的恨的力量促使我们成长和分离，这个力量可以保证我们能够成为自己。

即使是两个成年人，他们在一起也是需要一些与恨有关系的东西。比如，李银河老师说她跟王小波老师之间有一点竞争关系，不是到恨、到嫉妒那个级别，这种竞争关系也可以看作一种形式的恨对抗，也是保证能够有高品质亲密关系的一个前提。如果两个成年人之间只有爱而没有嫉妒也没有仇恨的话，他们两个人就丧失了关系中间最重要的东西，就是两个独立人之间的关系。克莱因曾说，"两个成年人之间的恨或者孩子对父母的恨增加了爱的品质"，还是非常有道理的。

一个人矛盾的情感体验，就是有时候"我爱你"和"我恨你"的理由都是一样的。比如，我爱你是因为你是你，像我们如果在小区里面看到一个小孩被推车推着，他那种气定神闲、天下唯我独尊的模样让人觉得非常可爱。还有人会说，一个男人在专注地做一件事情，特别是专注刷碗的时候特别可爱，因为那个时候他是完全独立的。但是这个时候也会生出一些恨的

224

感觉——我恨你，因为你太懒了。那么，打扰你的独立的这种感觉、专注的感觉，就是我存在的意义。这就是在有些亲密关系中，一个人的独立和专注让另外一个人视为被抛弃的原因。

了解我的人都知道我最感兴趣的是父母跟孩子的关系。孩子高度集中注意力做作业的时候，爸爸妈妈会有被抛弃的感觉，所以这个时候不少爸爸妈妈常会给孩子辅导作业，目的就是让孩子不要那么专注。这个已经算是我们社会现象级的事情了。如果让孩子老是专注地做作业，注意力集中，没什么是不可以搞定的，成绩肯定会好，但是，孩子长大了，很可能渴望远走高飞，这对父母来说是非常糟糕的事情。

孩子学习注意力不集中，导致成绩不好，在青少年问题里可能是排名第一的。孩子注意力为什么不集中？就是因为爸爸妈妈辅导作业，不断地打扰孩子，觉得孩子注意力集中，自己被抛弃等。如果一个妈妈说我非常希望孩子注意力集中，那么就看她有没有在行为上做了打扰孩子的事情。

精神分析是一门关于真正理解"为什么一个人一辈子在各种事情上面都事与愿违"的学问，父母的事与愿违跟他潜意识层面的愿望的确是违背了。比如他希望孩子健康，学习成绩好，但结果是医生的孩子容易生病，老师的孩子容易学习成绩不好或者辍学。我们在临床上调查并获得了一些数据，从结果上来看，医生希望孩子健康，然而孩子有病，就表示他在潜意识的支配下，每天都可能在做让孩子不健康的事情，或者说老师每天都在做让孩子厌恶学习的事情。

　　有人可能会说，我爱一个人又恨一个人，这不是矛盾的吗？健康的人格就是能够承受这种矛盾，而且也能够在现实层面协调这样的矛盾。每个人天然地在这个世界上具有多重身份，比如我们既是女儿和儿子，又是妻子或者丈夫，还是孩子的爸爸或者妈妈，我们是有能力协调这个的。

　　但是在早年的成长环境里，"我是谁"这个问题如果被限定，比如在同一时间里他只能够做一个角色，那他就会觉得不同的角色之间会有冲突。我是精神科医生，但是我绝大部分工作是心理咨询或者做精神分析的教学，我觉得这两者之间完全不冲突，因为我有能力在不同的场合使用自己所谓的子人格，这个是没问题的。

　　比如，当一个女性有了孩子之后，她可能会拒绝性，这是因为她没有办法整合两个不一样的角色，既是妈妈，又是妻子。她只能够狭隘地认同在最近的几年时间里面"我只能做妈妈"，她老公把她抓过去要干点别的事儿，她就会认为破坏了她做妈妈的身份，这就是典型的人格不灵活的表现。实际上，她除了这两个角色，还有很多其他的角色，比如她是女儿，是公司里的员工，但是在她僵化地认同她只是妈妈这个身份的时候，她的工作能力也会被限定。

　　接下来，我们来讨论两个有问题的词：真爱和灵魂伴侣。为什么这两个词是有问题的呢？

　　先说真爱。因为真爱巧妙地把婴儿对完美妈妈的需要融入成年人对爱的需要当中，说白了，这实际上是发育不良的一种表现。从"真爱"到"真不爱"，是因为当初的真爱本来就是防御，学过精神分析的人都知道防御是怎么回事，是一种自我保护、自我欺骗。跟一个人在一起，刚开始的时候是真爱，真爱随着自我意识范围扩大。自我意识范围扩大的意思就是以前自我范围缩小的时候，看到的都是这个人的优点；自我意识范围扩大了之后，就看到这个人的缺点了，就开始怀疑，当初的爱是不是真爱。这个时候真爱就幻灭了。

当我觉得我对这个人的爱是真爱的时候，从人性的角度，自动地会启动挑毛病的机制。"我是一个完美的人"，这是比较愚蠢的说法。因为这会自动地刺激别人挑毛病，"你一点都不完美"。但是我直接说我是一个有很多缺点的人，别人会自动启动，"你还是有优点的"。

奥巴马在竞选总统的时候说过这样一句话，"我并不是一个完美的人"，我听了之后，觉得很高明。他如果摆出一副很完美的架势，并且真的说自己很完美，他会失去好多选票，这是人性。

我认为你完美了之后会显得我非常不堪，有谁愿意跟一个完美的人在一起玩呢？你肯定会自惭形秽。还有你说自己完美的时候，实际上你想控制，我也同意你说自己完美。人都是愿意自我实现，愿意自己有独特的观点。你想控制我，没门，但是我说我不完美，全身都是缺点，一无是处的时候，我也想控制你，让你这样说，但是你会反对出来。

所谓的灵魂伴侣，如果把"灵魂"这样一个有超越性意义的词用在世俗的伴侣上面，本身就构成了一种矛盾，这使我们有可能混淆宗教情感和世俗情感。精神分析在大的战略层面是反宗教的，但是非常尊重每一个个体的宗教信仰自由。我个人有很多出家或者做牧师的朋友，我们关系特别好。我真的觉得一对一地跟他们这些人打交道，有那种圣洁的感觉，比我这种一身俗气的人要好玩一点。并且，他们还有底线，他们不会突破他们的道义或教义来要求我，这是从一对一来说。

但是，从战略或者历史或者人性的最高处，宗教情感都是我们早年在母婴关系中情感的投射。我们把小时候对一个完美妈妈或者完美爸爸的理想化的一些东西，投射给了我们后来相信的某一个宗教的领袖。宗教情感本身就是一个具有婴儿般色彩的东西，因为它涉及完全的信任，涉及人不能够自己思考，人被预设一些价值观，还有全能、无所不能的这种感觉。

这样做当然是有好处的，它可以避免我们在探索真相这个过程中产生焦虑，但是它有一个最大的坏处，即它剥夺了我们的思考。大家知道，国际反邪教协会对邪教的定义，就是让你信仰一个在世的教主，强调的是在世间，还活着的，他宣称人类会毁灭，你信了他就不会毁灭。如果我们把宗教情感融到了像恋人或者夫妻这样的世俗关系中，也会提前为破坏关系做好准备，为什么呢？因为你在有一个灵魂伴侣这样理想化的要求的时候，你就会对眼前这个人百般挑剔，很多的亲密关系就是这样被破坏的。

　　我认识一个老太太，我估计她很年轻的时候就学了一个词，叫作"绑架"，或者叫作"敲诈"，她反复地使用这个词，所以她很习惯地把她和别人的关系变成被敲诈与敲诈的关系，她把自己锁在被预设的关系的牢笼里面。

　　我们要学会使用那些美好的词，比如友爱、信任等，这是一个基本的信念。世界上没有救世主，也没有神仙。一个成年人应该能够搞定自己所有的事情，这样就把像婴儿般对他人的依赖消除了。如果没有搞定，几乎只有一个原因，你压抑了搞定这些事情所需要的能力，这是精神分析或者说现在课题关系理论的一个重要的咨询目标。

　　不是从事心理咨询的人可能有个误解，一个症状被咨询师改善了之后，就叫治好了。我们现在已经不这样认为了，我们有更高的目标，我们不一定把你的症状搞定了，意思就是搞定你的症状已经是第二重要了。第一重要就是解放你的各种能力。你还保留一些症状，比如你可能周期性抑郁，或者你的强迫症一直都在被治疗，一直都没治好，而且哪个"师父"一治，强迫症有可能还变重了，这个肯定是问题。所以，我们现在对强迫症战略性的做法是你该强迫就强迫，但是你该赚钱就赚钱，你的自我功能和你的症状分离。消除强迫症症状，你那强迫症真的不是治好的，是被忘记了。

　　很多父母很不愿意对孩子表达亲密，这是我们文化的一个特点。在一次亲戚的聚会上，爷爷、爸爸、儿子三个人在那儿一起吃饭，儿子过一会儿去抱着他爸爸说"爸爸，我爱你！"然后在额头上亲一口。我就逗那个30多岁的爸爸，我说，"你跟你爸爸说一句啥？"他有一个立即生物学上的反应，说："我如果跟我爸爸说我爱你，然后亲他一口，估计吃的东西都吐了。那肯定不行。"

我们表达亲密的一种方式，我称之为"攻击性亲密"。因为我想跟你亲密的需要，让我感到自己的弱小和羞耻，所以我要通过指责你、打你、骂你这种方式来表达亲密。这是一种非常巧妙的做法，打骂是高浓度的关系，表达了我跟你关系很近。

事实上，判断一个人关系的品质有个绝招，我们就看它的"绝对值数"。比如孩子对父母有很多负性的情绪，我们不看它的性质，而是看情绪的绝对值。他对他父亲的很多负性情绪绝对值就变成了一个非常非常大的数字。意思就是相反的东西，基本上都是一样的。

比如，有的婆媳之间的斗争一部分是权力斗争，跟对错没关系，甚至就是乱撑，因为她们在共同争一个男人，这些都是深层精神分析的理解，只能够在潜意识里去寻找。

我们很多时候都在使用攻击性亲密，有些攻击性亲密也可以给人带来愉快。比如，铁哥们儿好久没见了，然后一起喝酒，朋友之间是非常享受互相攻击的，就是隔一段时间要互相在一起肆无忌惮地攻击一下。

进入亲密关系之前有两种不同的状态。第一种是"我活得很好，有你我会更好，锦上添花"。这种情况下，一个人的人格是完整的，他的自我功能也是完整的，就是有没有别人都无所谓。他可以进入任何一种婚姻形式，在任何一种婚姻形式里他都会活得幸福。第二种就不一样了。"我活得不好，由你来补充我的自我功能，我才能够活得很好"。但是，这个世界上没有任何人活着是为了像钟点工一样补充另外一个人的自我功能。你不会洗碗，我就给你洗碗；你不会开煤气，我就给你开煤气；你不会修电器，我就给你修电器，如果是这样的话，那就不是亲密关系，而是非常功利的关系。这种是通过购买服务就能满足的，太不灵活了。

我爱一个人，开始对她充满希望，后来我对她失望。潜意识里面它的因果关系跟意识层面的因果关系是反的。不是因为她不完美，或者是对我不好，我失望，而是因为我对失望成瘾。我处在满意状态的时候，背叛了我的爸爸妈妈，我相信每个人都有这种感觉，就是好事时间长了就会想，不知道什么会发生。有很多妈妈在自己的孩子一两年没生病之后都会产生大祸降临的感觉，果然那个孩子"如她所愿"生了一次病，她内心的张力就下降了。

如期而至的失望，从来没有让人失望过。这是这个人一辈子最没有失望过的地方，想起来有点悲从中来。比如某个男性会觉得他老婆对他越来越失望，这个男的到死也没有明白自己到底做了什么事情让她如此失望。最后快死了，有人对他说，这是她的习惯，跟你没关系，他就可以死而瞑目了。

有一个防御机制，叫"穷思竭虑"，意思就是你想多了，因为你不想解决问题，你在逻辑层面玩多了，表示你根本不想解决这个问题。这也是某种程度上的精神的自闭或者自恋。

《中国新闻周刊》的主笔记者杨世阳有一篇文章叫作《婚姻是一件小事情》，写得非常有道理。当你认为婚姻是一件小事情的时候，你反而会珍惜它，但你过度也把婚姻当回事儿的时候，你就会不断地挑它的毛病，因为大事情就是要趋于完美，小事情就可以算了，这是跟婚姻中的那些小事情配对的。当我们认为婚姻是件大事情的时候，谁洗碗、上厕所之后马桶应该是盖着还是翻起来，这些全都成了大事情，成了你破坏婚姻的原因。但是如果你觉得婚姻就是一件小事情，生活琐事就不算什么了。

凡是告诉我们婚姻是件大事情的，都是在威胁我们，我们潜意识肯定会反抗。当我们不知不觉赋予亲密关系以血缘关系的意义的时候，那我们就真的可以乱来了，这就是为什么有人在婚姻关系中会肆无忌惮。为什么我们一般来说不会在友谊关系中乱来？因为我们没有赋予友谊血缘化的意义，友谊就看你来我往，你对我好一点，我对你好两点。但是婚姻关系不是这样的，婚姻关系可以激活某一个人压榨对方的欲望。如果当年他被爸爸妈妈压榨，他或许会用压榨他爸爸妈妈的方式来报仇。

亲密关系的终止有时候可能是某一方对另一方毁灭性愿望的成全。比如我是一个女的，对方是一个男的，他在婚姻中也

232

意欲赋予婚姻以血缘关系，他就是一通乱来，觉得他干什么都可以。我抛弃他，实际上是我成全他，最终达到没有亲密关系需要、孤独终老的这种愿望。有一部反映武汉生活的电影叫《万箭穿心》，这个电影如果用一句话来说，就是一个女人是怎么样通过破坏亲密关系把自己逼上绝路，来缓解她作为一个人的内疚感的。

最近，社会上经常会讨论到一种关系叫PUA，我觉得这个事情可以做如下解释：

首先，那些人之所以接受了PUA训练，能够去干成功一些事情，与其说他们学到了技巧，不如说他们被鼓励了。这个跟我们咨询师做的事情是一样的，就是来访者问我们好多事情该怎么办。"我有很多关于性的罪恶感，是怎么回事？"如果我们跟他谈与性有关系的罪恶感，我们谈的态度是非常轻松的，暗含对性的开放性态度的话，那他这个问题就被解决了，不需要具体教他怎么做，他从我们这里获得了跟爸爸妈妈谈性不一样的体验。

其次，被PUA的那些女性的潜意识里面非常非常希望自己被骗，双方是潜意识的合谋。有一些智商低得多的男的骗了智商高得多的女性，就是因为被骗实际上相当于"我"找了一个理由让自己堕落，因为"我"没有办法主动去堕落，或者是成长。在她们的心里，堕落跟成长几乎是画等号的。

08

疫情危机之下，
我们如何安心

新型冠状病毒感染引起的肺炎疫情的确是一件历史上非常非常重大的事件，也是我个人遇到的最大的社会事件。很多人去世了，还有很多人从春节一直到现在都在一线工作。我们都知道这个工作具有很大的危险性。我个人从 1 月 23 日到现在，25 天没有出过门了，有各种各样的情绪波动，但不是太大。

第一是有情绪波动，会有一些抑郁。面对这么大的灾难性事件，会抑郁可能跟我的特质也有关系，我本身就是有那么一点点抑郁的。我的一些同学在一线工作，有的是呼吸科的医生，有的是以前在武汉市精神病院的老同事，他们感染了这个病。但是好在他们都康复了，重新回到一线。

因为我是学医的，所以在这样的一种情况下，我的很多同学和认识的同事都在一线工作，我却在家里这么舒服地待着，其实是有强烈的内疚感的，觉得没有在一线跟他们一样去为别人做一些事情。

第二是恐惧。因为病毒这个东西看不见、摸不着，人真的不知道怎么回事就可能会被感染。我平常就有一点点强迫洗手，我每天洗手的次数肯定高于平均值，所以有了这个事情之后，我洗手的次数明显增多了，我的手都洗得有点粗糙。但是我相信这个事情过了之后，我洗手这个问题可能会好一点。

预想一下强迫洗手的问题可能会在很少的一部分人身上发生，有些人可能会持续抑郁，尤其是家里有亲人去世，或者他自己得了肺炎，经过那种生死关的人，恐惧可能也会弥散一段时间。

第三就是内疚感，很深的内疚感。其他的几种情绪都没有问题，像抑郁、恐惧都不是太大的问题，我让它们待在某个地方，不管它们，它们对我没有什么影响，我该干吗干吗。对于内疚感，我处理的方式之一就是做一点事情。我相信很多人都有自己独特的、有创造力的、让自己过心理难关的方法，比我想出来的可能还好。

他们不需要我给他们出主意。我只能分享，而不是给大家提供更多的办法，给大家出主意。

第一个解决情绪问题的方法就是增加我们的思考。弗洛伊德说过，我们有两个脑袋，一个脑袋是情绪的脑袋，还有一个脑袋就是智慧的脑袋。在有情绪问题的时候，我们就需要加强一下智慧的脑袋。

第二个办法是寻找一些确定性，在这样的一个危急关头，不确定性是最让人不舒服的。为什么大家刚开始得知封闭消息的时候那么愤怒，就是因为不知道到底发生了什么，实际上这为以后面对这样的灾难也提供了一个经验，就是我们不需要封闭消息，不管这个消息多么糟糕，让大家知道总比让大家猜要好得多。

我们可以找到一些确定性的东西，比如大地是稳的，这个听起来好像是废话，但对经历过地震的人来说，他们原来认为大地是比较可靠的，地震后会陷入非常深的恐惧中。而我们这次不确定的就是空气或者人与人之间的关系。当我碰到一个陌生人的时候，我不知道他是不是病毒携带者。我们遵守政府的号召，在家里待着不出门，家里的水、电是充足的，不会出现断水、停电。我还提前准备了很多食物，吃一个月问题不是太大，这中间也得到亲友的帮助，送了一些东西过来，让我能够更加安心地在家里待着。这都是非常确定的东西，我们找到确定的东西越多，内心就越安稳。

第三个办法就是分散注意力。有一个心理学家说过一句话，"所谓的心理学问题都是注意力的问题"，除了注意力，没有其他的东西。我在这段时间里分散注意力的办法就是做家务，想一日三餐都有什么好吃的，还在校对一本翻译书，然后是看电影。我把一部灾难片又看了一遍，还有《卡萨布兰卡》《我们的父辈》等，我又进入另外一种伤感里了。我觉得还有一个分散我的注意力的点，就是家里有一个6岁的小男孩跟我们生活在一起。他非常活泼，我看到他之后真的觉得他的存在是一剂抗病毒的良药。

让自己的注意力不要过度关注在灾难上面。灾难当然是非常非常糟糕的事情，我们会抑郁，会为去世的人感到哀伤。但是仔细体会一下，从人之常情、对生命的诠释来说，这些灾难可能也会让我们兴奋。几百年一遇，或者因为一些别的什么也不好说得太透的心理作用，让我们在面对交流的时候会兴奋。有些人的兴奋就是通过过度关注一些灾难信息表现出来的，或者在灾难发生的时候做得太多，这都有可能产生一个后遗症，在灾难过去之后，这些兴奋会转变成抑郁。我知道自己有可能进入这种圈套，所以，我不太让自己过多地关注灾难或者过多地做一些事情，比如发朋友圈之类的。

自己在做这些事情的时候，第一个动机是想助人，有人可能在这种状态中崩溃了，所以需要有人帮助，而且是专业的帮助。第二个动机是想缓解我自己在疫情期间没有做什么事情的内疚感。再有就是刚才说的，在面对疫情的时候，我们可能有一些潜意识层面不能觉察的兴奋，这个兴奋可能会表现为"我预测你在疫情期间肯定会有心理创伤，所以我长期帮助你，不是你需要我帮助，而是我需要干点活儿来帮助你"，这可能会加重对方的创伤。

在"9·11"事件之后，那些被心理医生帮助的人的创伤愈合速度要慢于一些自然克服的人。所以，对于帮助这件事，我觉得我们可能需要稍微节制一下，先遵守一个原则：不求助，不帮忙。你如果找到我，我该干吗干吗；你如果没有找到我，我劝你来找我，说"你如果要找我们专业人员面对一下自己的一些创伤，你就会怎么着"，我不做这种暗示。

我还是非常相信自然的痊愈力量的。面对这么大的疫情，有一些病理性的反应本身是正常的。等过了这段时间，那些反应就会消失，这个事情对我们的生活、工作不会有太多的影响。但是，如果在这中间咨询师做得太多的话，就可能会影响老天在中间干的事情，影响大自然让我们康复的力量。

我们作为人类的一分子，已经在这个世界上活了很多年。我们经历过很多灾难，肯定不仅仅是病毒，还有海啸、地震、战争什么的，我相信人类的每个个体的基因层面或者集体权益层面有非常强大的力量，对抗灾难所导致的心理创伤，并且永远在那里。

很多基层医师去地震灾区也见过很多血腥的场面，还需要共情那些失去亲人的人，他们非常崩溃。我记得 2008 年的时候我没去汶川，但有一些咨询师从那儿打电话给我，说他们实在受不了了，在电话里面大哭，这对我也会有一点小小的创伤的印记。但总的来说，我没有听说这样的替代性创伤导致了非常糟糕的结果，后来那些人都离开那个环境，过一段正常的日子之后就康复了。

另外，还有一种情况是创伤过于巨大，比如一个本来健康的人可能处在一个非常糟糕的状态中，这样的人，我相信在疫情过后他会自己去看心理医生的。即使是没有这次疫情，有的人也应该寻求专业人士的帮助，解决他的一些症状，尤其是帮助他解决一些人格层面压抑的问题。

有的人一辈子带着症状生活，也没什么太大的麻烦，该干吗干吗。我最在意的是一个人建立有滋养的亲密关系的能力，赚钱的能力，满足自己的虚荣心的能力，满足自己自恋的需要的能力。这些人在没有疫情的情况下没有什么症状，不具有马上去寻求心理咨询师帮助的迫切性，但是在疫情的刺激之下，他们人格层面的那些东西被激活，他们就开始意识到这个疫情可能对自己是个提醒，需要在疫情结束之后找一个人关注一下自己的内心世界。

有几位医生去世这个事情可能也激活了很多人的死亡焦虑，看见其他人去世，自己虽然相对安全，但是焦虑还是持续存在的。

有些人的死亡焦虑是通过"找死"来缓解的。这里"找死"两个字没有骂人的味道，就是主动去求死亡，这样就可以让他觉得死亡是比较可控的。有的人会体现为越恐行为。越是恐怖的事情越要去做，实际上是用这种方式来让自己觉得自己不是胆小鬼。不是我怕病毒，而是病毒怕我。所以，我不要任何防护，去人群非常密集的公共场所也没什么关系，这个自恋已经构成变异性了。

我看到的另外一段用武汉话录的视频：一个女生看见一个中年男人拿着渔具要出门，那个女生就说："爸爸，你干吗去？"这个男的就用武汉话说："我钓鱼去，在家里太闷了。"他女儿就很生气："这种情况你还出去钓鱼，太危险了！"这个男的就说："我就想去。"他把门推开就走了。过了两秒钟，这个男的又折回来了，他女儿就问："你怎么回来了？"这个男的说："刚吹了个牛皮，舒服多了。"这个视频我觉得蛮健康，也是我在这次疫情中看到的最搞笑的段子。

现在政府采取了非常强有力的措施，疫情在慢慢地受到控制，整个形势在朝好的方向发展。我相信疫情会过去，希望它尽快过去。

曾奇峰于 2 月 17 日所感